住房和城乡建设部"十四五"规划教材

工程造价数字化应用"1+X"职业技能等级证书系列教材

安装工程计量与计价

刘　钢　代端明　柳婷婷　主编

中国建筑工业出版社

图书在版编目（CIP）数据

安装工程计量与计价/刘钢，代端明，柳婷婷主编.
北京：中国建筑工业出版社，2024.9. -- （住房和城
乡建设部"十四五"规划教材）（工程造价数字化应用
"1＋X"职业技能等级证书系列教材）. -- ISBN 978-7-112-
29941-6

Ⅰ. TU723.3
中国国家版本馆 CIP 数据核字第 2024PB6611 号

本教材以真实工程项目为载体，以安装工程造价编制过程为主线，将安装造价计量与计价的理论知识融于 BIM 造价软件操作中，手把手教授如何采用 BIM 安装计量软件快速准确地完成工程量计算，如何采用 BIM 安装计价软件全面正确地完成预算编制。

本教材适用于中职、高职和应用型本科工程造价专业、建筑工程技术专业、建设工程管理专业及相关专业等教学用书，也可作为工程造价专业国家级职业技能竞赛和省级职业技能竞赛比赛指导用书。

本教材提供丰富的电子配套教学资料方便老师教学和学生自学。包括且不限于：课程教学 PPT；软件操作教学视频（水、电计量；水、电计价）；每单元课后习题参考答案；课程案例完整图纸（电子版）；课程案例水、电完整计量计价文件等。索取方式为：1. 邮箱：jckj@cabp.com.cn；2. 电话：（010）58337285；3. QQ 服务群：451432552。

责任编辑：司 汉 李 阳
责任校对：张 颖

住房和城乡建设部"十四五"规划教材
工程造价数字化应用"1＋X"职业技能等级证书系列教材
安装工程计量与计价
刘 钢 代端明 柳婷婷 主编

*

中国建筑工业出版社出版、发行（北京海淀三里河路 9 号）
各地新华书店、建筑书店经销
霸州市顺浩图文科技发展有限公司制版
北京云浩印刷有限责任公司印刷

*

开本：787 毫米×1092 毫米 1/16 印张：17 字数：418 千字
2024 年 9 月第一版 2024 年 9 月第一次印刷
定价：**49.00** 元（赠教师课件，含配套图集）
ISBN 978-7-112-29941-6
（43010）

教材编审委员会

主　编

刘　钢　湖南交通职业技术学院

代端明　广西建设职业技术学院

柳婷婷　上海城建职业学院

主　审

唐杰军　湖南交通职业技术学院

副主编

常爱萍　湖南交通职业技术学院

李玉娜　郑州电力高等专科学校

李石磊　北京工业职业技术学院

王丽辉　石家庄职业技术学院

龚　霞　湖南工程职业技术学院

参　编

胡　婧　吉林省经济管理干部学院

杨　敏　重庆工程职业技术学院

余春宜　重庆建筑工程职业学院

章晴晴　湖南交通职业技术学院

戈玉娟　湖南银华工程咨询有限公司

王　彪　湖南璟程项目管理有限公司

黄帮存　长沙数科工程咨询有限公司

周梦雄　湖南交通职业技术学院

曾　丹　湖南交通职业技术学院

卜婷婷　湖南水利水电职业技术学院

出版说明

党和国家高度重视教材建设。2016年，中办国办印发了《关于加强和改进新形势下大中小学教材建设的意见》，提出要健全国家教材制度。2019年12月，教育部牵头制定了《普通高等学校教材管理办法》和《职业院校教材管理办法》，旨在全面加强党的领导，切实提高教材建设的科学化水平，打造精品教材。住房和城乡建设部历来重视土建类学科专业教材建设，从"九五"开始组织部级规划教材立项工作，经过近30年的不断建设，规划教材提升了住房和城乡建设行业教材质量和认可度，出版了一系列精品教材，有效促进了行业部门引导专业教育，推动了行业高质量发展。

为进一步加强高等教育、职业教育住房和城乡建设领域学科专业教材建设工作，提高住房和城乡建设行业人才培养质量，2020年12月，住房和城乡建设部办公厅印发《关于申报高等教育职业教育住房和城乡建设领域学科专业"十四五"规划教材的通知》（建办人函〔2020〕656号），开展了住房和城乡建设部"十四五"规划教材选题的申报工作。经过专家评审和部人事司审核，512项选题列入住房和城乡建设领域学科专业"十四五"规划教材（简称规划教材）。2021年9月，住房和城乡建设部印发了《高等教育职业教育住房和城乡建设领域学科专业"十四五"规划教材选题的通知》（建人函〔2021〕36号）。为做好"十四五"规划教材的编写、审核、出版等工作，《通知》要求：（1）规划教材的编著者应依据《住房和城乡建设领域学科专业"十四五"规划教材申请书》（简称《申请书》）中的立项目标、申报依据、工作安排及进度，按时编写出高质量的教材；（2）规划教材编著者所在单位应履行《申请书》中的学校保证计划实施的主要条件，支持编著者按计划完成书稿编写工作；（3）高等学校土建类专业课程教材与教学资源专家委员会、全国住房和城乡建设职业教育教学指导委员会、住房和城乡建设部中等职业教育专业指导委员会应做好规划教材的指导、协调和审稿等工作，保证编写质量；（4）规划教材出版单位应积极配合，做好编辑、出版、发行等工作；（5）规划教材封面和书脊应标注"住房和城乡建设部'十四五'规划教材"字样和统一标识；（6）规划教材应在"十四五"期间完成出版，逾期不能完成的，不再作为《住房和城乡建设领域学科专业"十四五"规划教材》。

住房和城乡建设领域学科专业"十四五"规划教材的特点，一是重点以修订教育部、住房和城乡建设部"十二五""十三五"规划教材为主；二是严格按照专业标准规范要求编写，体现新发展理念；三是系列教材具有明显特点，满足不同层次和类型的学校专业教学要求；四是配备了数字资源，适应现代化教学的要求。规划教材的出版凝聚了作者、主审及编辑的心血，得到了有关院校、出版单位的大力支持，教材建设管理过程有严格保障。希望广大院校及各专业师生在选用、使用过程中，对规划教材的编写、出版质量进行反馈，以促进规划教材建设质量不断提高。

住房和城乡建设部"十四五"规划教材办公室
2021年11月

前　言

　　《安装工程计量与计价》是住房和城乡建设部"十四五"规划教材，本教材作为安装工程造价核心技能教学指导用书，目标是让学生通过完整的实操案例，了解安装工程造价的基本专业知识，熟悉安装计量软件与计价软件的基本操作流程，掌握安装计量计价软件操作过程中的核心技能。

　　本教材共 7 章，内容包括：概论、数字计量软件说明、电气工程计量、给排水工程计量、数字计价软件说明、工程计价准备、编制招标控制价。教材配套图册 1 本，内有案例项目的电气施工图和给水排水施工图，同时配有"实训任务解读与说明"，以"实训任务单"的形式对应安装工程软件计量与计价的实操过程。教材以"湖南省长沙市××公司办公楼案例实操教学"作为主线贯穿了整本教材，编者依据案例图纸和相关设定，教授如何完整做完安装专业电气工程和给水排水工程的计量与计价工作，从而为学生将来快速完成招标标底和投标报价的编制打下坚实基础。

　　1. 本教材有很强的必要性。本教材所教授的技能，正是建筑（安装）工程造价专业学生就业后从事工作所需要掌握的核心技能，也是建筑类相关专业学生横向拓展知识面和纵向往管理岗位发展所应该了解的基本技能。从建筑工程发展的角度，数字化和软件化是发展的必然趋势，将极大提升工作效率、提高正确率、增强沟通效率。

　　2. 本教材有很强的生命力。从造价行业发展的角度，造价工作正处于不断变革和上升的过程，教材必须与新的计价办法、新的专业定额、新的案例进行结合，这样才有意义和生命力。编者依据现行国家规范《建设工程工程量清单计价规范》GB 50500—2013 和《通用安装工程工程量计算规范》GB 50856—2013，根据湖南省最新计价办法《湖南省建设工程计价办法》（2020 版）和最新行业定额《湖南省安装工程消耗量标准》（2020 版），以长沙市本地办公楼工程项目为案例，编写了本教材。

　　3. 本教材有很强的交融性。本教材主要讲授计量软件和计价软件实操教学，除此之外，也讲述了造价工作应该掌握的相关理论知识，并做了案例背景说明，更好地将理论结合于实践，并将手工算量计价和软件计量计价相结合，做好课程衔接。同时，也方便实训课程老师授课时，对应说明相关的理论知识点。

　　本教材汇聚了高校、企业和行业的力量共同编写，教材的主要编写人员均为承担一线造价教学工作和造价专业管理的高校教师，同时邀请数位工程造价咨询企业的负责人共同参与案例施工图纸、案例背景设定和案例成果文件的定稿。从而力求编制出一本符合真实工作环境的、满足职业教学需求的、具有较强行业参考性的高水平教材。

　　本教材由刘钢、代端明、柳婷婷主编，刘钢统稿，唐杰军主审。代端明负责计价部分总体审核，柳婷婷负责计量部分总体审核。其中，第 1 章由刘钢、周梦雄编写；第 2 章由柳婷婷编写；第 3 章由李石磊、胡婧、柳婷婷编写；第 4 章由龚霞、余春宜、王丽辉编写；第 5 章由李玉娜、余春宜编写；第 6 章由常爱萍、刘钢编写；第 7 章由杨敏、李玉娜、代端明、刘钢编写；图册（含任务单）主要由代端明编写；案例图纸修订工作主要由章晴晴和黄帮存负责；案例计量、计价成果的核查主要由戈玉娟和王彪负责，常爱萍、曾丹、卜婷婷协助。

本教材为 2022 年度湖南省教育厅科学研究项目"新时代高职建筑类专业'1＋X'制度推行模式与效果评价研究"（编号 22C0961）和 2022 年湖南省职业院校教育教学改革研究项目"深化'产教融合'视域下高职工程造价专业人才培养现状、对策与实践研究"（编号 ZJGB2022033）的共同研究成果之一。

教材在编写的过程中有幸得到湖南交通职业技术学院、广联达科技股份有限公司、长沙数科工程咨询有限公司、湖南银华工程咨询有限公司、湖南璟程项目管理有限公司等诸多单位和广大兄弟院校、业内同仁们的鼎力支持，在此一并感谢！

由于造价行业不断发展，同时编者水平有限，书中难免有错误和不足之处，恳请读者批评指正。

目　录

第1章　概论 ··· 001

1.1　安装工程造价的含义 ··· 002

1.2　安装工程造价数字化发展趋势 ······························· 004

1.3　安装工程造价软件介绍 ··· 007

第2章　数字计量软件说明 ·· 011

2.1　基本功能 ·· 012

2.2　GQI2021基本界面 ·· 017

2.3　GQI2021基本工作流程 ·· 019

第3章　电气工程计量 ·· 025

3.1　电气工程识图基础 ·· 026

3.2　创建电气工程 ·· 028

3.3　配电箱柜工程量计算 ··· 037

3.4　电气设备工程量计算 ··· 040

3.5　照明灯具工程量计算 ··· 045

3.6　电缆桥架工程量计算 ··· 050

3.7　电缆及电缆保护管工程量计算 ································ 052

3.8　电线及电线保护管工程量计算 ································ 056

3.9　防雷接地工程量计算 ··· 059

3.10　零星构件工程量计算 ··· 065

3.11　电气工程量汇总和报表预览 ·································· 067

第4章　给水排水工程计量 ··· 071

4.1　给水排水基本概念及识图基础 ································ 072

4.2　卫生器具工程量计算 ··· 076

4.3　设备工程量计算 ··· 082

4.4　管道工程量计算 ··· 087

4.5　管道附件工程量计算 ··· 110

4.6　给水排水工程零星构件工程量计算 ························· 113

4.7　给水排水工程量汇总和报表预览 ···························· 118

第5章　数字计价软件说明 ··· 128

5.1　GCCP软件基本功能 ··· 129

5.2　GCCP 软件界面介绍 ·· 132

5.3　软件基本工作流程 ·· 136

第 6 章　工程计价准备 ·· 139

6.1　主要计价依据说明 ·· 140

6.2　教材案例计价的有关说明 ·· 147

第 7 章　编制招标控制价 ·· 150

7.1　招标控制价 ·· 151

7.2　准备工作 ·· 152

7.3　新建项目 ·· 153

7.4　核对费率 ·· 156

7.5　编制分部分项工程费 ·· 158

7.6　编制措施项目费 ·· 161

7.7　编制其他项目费 ·· 163

7.8　编制人材机 ·· 164

7.9　编制税金 ·· 169

7.10　检查及填写编制说明 ·· 169

7.11　计价表格导出 ·· 171

参考文献 ·· 175

配套图册

第1章 概 论

内容提要

　　本章主要讲述工程造价的两种含义和工程造价的特点，说明安装工程造价的基本工作内容；从数字化造价的角度，说明 BIM 技术对工程造价的影响，进一步说明数字化造价的基本工作思路和职业素养要求；最后介绍我国目前主流的安装工程计量与计价软件，并说明安装造价软件的发展方向。

思维导图

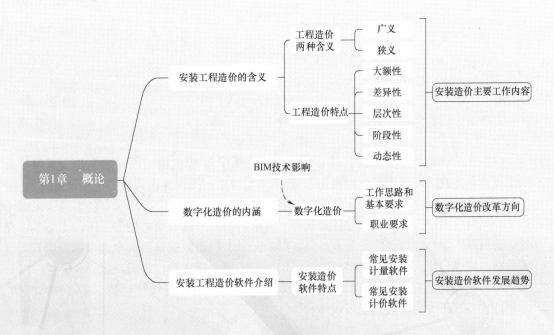

1.1　安装工程造价的含义

【知识要求】

了解工程造价的含义和特点，了解安装工程的含义，熟悉安装工程造价的基本工作内容。

【技能要求】

能够对比并举例说明广义工程造价和狭义工程造价的内涵。

【素养要求】

培养爱岗敬业、团结协作的职业素养。

1.1.1　工程造价的含义

工程造价的含义，分为广义和狭义两种。

1. 广义含义

根据《工程造价术语标准》GB/T 50875—2013，工程造价的广义定义是"工程项目在建设期预计或实际支出的建设费用"，包括工程费用、工程建设其他费用和预备费。

工程费用：包括"设备及工器具购置费、建筑安装工程费"。建筑安装工程费按照专业工程类别分为建筑工程费和安装工程费。其中，安装工程费是指用于设备、工器具、交通运输设备、生产家具等的安装或组装，以及配套工程安装而发生的全部费用。建筑安装工程费的构成包括人工费、材料费、施工机械使用费、管理费、利润、规费和税金。

工程建设其他费用：包括"土地使用费和其他补偿费、建设管理费、可行性研究费、专项评价费、研究试验费、勘察设计费"等；

预备费：包括"基本预备费、价差预备费"。

掌握工程造价概念时，应注意以下两点：

（1）工程造价与建设项目总投资概念不同。在量上，工程造价仅对应固定资产投资（建设投资和建设期利息）；建设项目总投资还包含"流动资产投资（铺底流动资金）"。

（2）工程造价的费用计算范围是建设期，是指从投资决策开始到竣工投产这一工程建设时段所发生的费用。并不涉及生产运营，不包括维护改造的各项费用。

2. 狭义含义

工程造价的狭义含义，是指在招标投标活动中，招标投标双方对建筑、安装工程达成一致的承发包市场价格，即建筑安装工程费。

本教材"工程造价"指的是狭义含义，本教材主要讲述如何通过计量软件和计价软件，完成建筑安装工程费中安装工程费的工程量计算、清单计价的有关步骤和完整过程。

1.1.2 工程造价的特点

工程项目的特殊属性，决定了工程造价具备五个显著特点：

1. 工程造价的大额性。

工程项目不同于普通的商品生产，其造价往往是以万、十万、百万、千万，乃至上亿计，对地区经济和国家经济发展起到重要影响。

2. 工程造价的差异性。

所谓"没有完全一致的工程项目"，每个项目所具备的功能和设计的形态都千差万别，即使两个项目的设计完全一致，也处于不同的地区和不同的建设时间，导致项目的工程造价不可能完全一致。

3. 工程造价的层次性。

工程项目的构成分为五个层次：由大到小分解为建设项目、单项工程、单位工程、分部工程和分项工程。其中，安装工程属于单位工程，即具备独立的图纸和施工文件，但是不能单独发挥功能效用。工程造价的形成不是一蹴而就的，是一个整合的过程，需要由小到大，最小的单位是"单位工程造价"，再是"单项工程造价"，最后形成"建设项目造价"。

4. 工程造价的阶段性。

工程造价具有阶段性的特点。在工程项目的不同发展阶段，造价人员做出的工程造价具有不同的名称和特点。在可行性研究阶段，对应做出的工程造价是"项目估算"；在初步设计阶段，对应做出的工程造价是"项目概算"；在招标投标阶段，对应做出的工程造价是"项目预算"（招标方完成的是"招标控制价"，投标方完成的是"投标报价"，中标后形成"合同价"）；在施工阶段，对应做出的工程造价是"项目结算"（施工过程中做出"过程结算"，竣工验收时做出"竣工结算"）；在审计备案阶段，对应做出的工程造价是"项目决算"。

5. 工程造价的动态性。

工程造价不是一次形成的，其在工程项目的发展过程中不断修正，不断完善。估算的精度最低，往往依据往期同类项目的指标和经验；概算已具备初步设计图纸，根据相关指标和定额计算，比估算精度进一步提高；预算已有施工图，根据相关定额计算，造价比较准确；结算包含工程中已发生的实际情况，为真实的工程造价；决算进一步包含了建设方的建设管理费、勘察设计费、监理费等各项费用支出，为相对完整的工程造价，可以作为项目最终备案的依据。

本教材主要针对项目招标投标阶段，以工程项目预算中"招标控制价"编制为例，通过实际工程项目案例，全过程详细教导如何完成该项目计量与计价。

1.1.3 什么是安装工程

根据《通用安装工程工程量计算规范》GB 50856—2013 的定义，安装工程是指各种设备、装置的安装工程。安装工程是由多个专业共同构成的集合体，包括：工业、民用设备，电气、智能化控制设备，自动化控制仪表，通风空调，工业、消防、给水排水、供暖燃气管道以及通信设备安装等。通常我们将"给水排水、电气、通风空调"（即常说的"水、电、风"）作为安装工程的典型代表专业。

本教材根据全国高等职业院校教学实际情况，依据建筑工程造价专业教学基本要求，选取"给水排水和电气"两个专业进行教学（消防与弱电暂未包含）。

1.1.4 安装工程造价的工作内容

安装工程造价工作，是指按照法律法规及标准规范规定的程序、方法和依据，对工程项目实施建设的各个阶段的工程造价及其构成内容进行预测和估算的行为。主要包含"安装工程计量"和"安装工程计价"两阶段工作内容。

"安装工程计量"工作，主要是指造价人员根据《通用安装工程工程量计算规范》GB 50856—2013、项目所在地区安装工程工程量计算规则和安装工程施工图纸，正确计算出安装工程的清单工程量，并汇总得出工程量清单的过程。

"安装工程计价"工作，主要是指造价人员根据《建设工程工程量清单计价规范》GB 50500—2013、项目所在地区建筑安装工程计价规范和项目所在地区现行消耗量定额，正确套取项目清单和定额，正确计算措施项目费、其他项目费和税金，最后得出正确工程造价的过程。

需要注意，我国工程计价的基本方式有两种：清单计价和定额计价。根据我国《建设工程工程量清单计价规范》GB 50500—2013 要求，国有投资或国有投资为主体的项目，必须采用工程量清单计价。

本教材以湖南省真实安装工程项目案例为依托，采用工程量清单计价的计价方式，讲解如何使用 GQI 安装计量软件和 GCCP 广联达云计价软件，依据湖南省 2020 计价办法和湖南省 2020 定额，完成安装工程计量和安装工程计价的有关工作。

编者有话说

造价工作是一项严谨又复杂的工作，需要从业者具备专注工作的能力和持续不断学习的能力。造价管理工作对于工程项目管理而言是重中之重，造价工作者一方面需要严于律己，严守法律红线，另一方面要不断加强自身素养，从宏观角度看待造价管理。一名优秀的造价工作者，对国家对社会对单位，都是宝贵的财富，所以工程造价人员更要充分认识到自己的工作对社会发展的重要性，要积极履行自己的社会责任。

1.2 安装工程造价数字化发展趋势

【知识要求】

了解全国注册造价工程师的含义，熟悉数字化造价的基本内涵。

【技能要求】

能够说明 BIM 技术对造价的影响，说明数字化造价工作的基本程序和基本要求。

【素养要求】

树立严谨认真、一丝不苟的工作精神。

1.2.1 数字化造价的内涵

数字化造价的基本含义，就是通过积极采用数字化技术提高工程造价工作的准确率和工作效率，比如采用 BIM 技术、大数据技术、云端技术、AI 技术、物联网技术等。工程项目的数字化表达，是当前工程项目建设的必然要求和发展趋势。其中，BIM 技术就是工程数字化技术在工程造价应用中的典型代表，目前也是影响最大的。

BIM（Building Information Modeling），即建筑信息模型，是指通过三维模型真实记录工程项目建造的全过程，是建设工程及其设施的物理和功能特性的数字化表达，其作为项目共享信息资源，为项目全生命周期提供各类决策的可靠信息支持。二维图像对工程项目的表达十分有限，平面图、立面图和剖面图等远不如三维立体图像表达的形象直观。BIM 三维模型的建立，从根本上改变了工程建设的工作思路和工作程序，为各项工作提供了新方法和新手段。

1.2.2 BIM 技术对工程造价的影响

根据"十四五"建筑业发展规划，明确"加快推进建筑信息模型（BIM）技术在工程全寿命期的集成应用，健全数据交互和安全标准，强化设计、生产、施工各环节数字化协同，推动工程建设全过程数字化成果交付和应用"。

BIM 技术对工程造价的影响体现在以下五点：

1. 提高工程量的出量准确性。所见即所得，三维模型对应三维出量，计算机可以对构件数量进行快速识别和统计，减少了工程量的重复计算和漏项。

2. 提高工程量的出量效率。设计阶段形成的三维模型可以转化成相应的三维计量模型（需要一定的完善和修正），基于智慧化的三维计量软件也可以快速搭建三维计量模型，工程量的计算和统计速度大大提高。

3. 提高设计效率和质量。多专业三维计量模型的搭建与复合，可以直观反映出安装各专业之间、安装与土建结构之间的空间位置碰撞情况，在施工图阶段解决错漏碰缺的情况。避免后期施工中才暴露出来，导致不得已的工程变更，引发较多结算争议。

4. 提高工程造价分析能力。通过三维计量模型的删减和增加，可以快速得出工程总量变化，可以快速得出工程造价的变化值，可以从不同纬度统计工程量和分析工程价格，为造价人员分析工程造价的形成和控制工程成本提供便捷通道。

5. 提高全过程造价管理能力。工程造价工作的重心从工程计量，转向计价控制，造价管理人员更多的精力和时间不再是花费在算量上，而是用在工程项目各阶段对项目成本的管控上。

1.2.3　数字化造价的工作思路和基本要求

1. 搭建三维计量模型，计算工程量。根据安装专业施工图纸，充分理解设计说明，准确识读平面图、系统图、原理图、大样图（详图）等工程图纸，运用工程计量软件进行三维数字化建模。在工程计量软件使用过程中，能够正确设置安装工程各项参数，能够将平面图纸转化为三维模型，并进行相关属性定义。

2. 检查核对三维计量模型。根据安装专业设计说明、施工图纸和安装施工规范等，能够对计量模型的完整性进行检查，能够对计量模型的正确性进行校核，能够利用云指标和大数据对模型的合理性进行验证，能够将同一项目不同专业的安装模型进行关联和整合，最后能够正确地汇总和输出清单工程量。

3. 工程量清单编制和定额套取。根据项目实际情况和项目所在地消耗量定额要求，能够正确建立分部分项工程量清单项和选择相应定额项，能够正确载入当期价格并对相关主材、设备价格予以完善，能够补充相关缺项的工程量清单，能够正确计算分部分项工程费。

4. 工程造价的确定。能够根据项目实际情况和项目所在地工程计价规范要求，完成措施项目费（单价措施项目、总价措施项目等）、其他项目费（暂列金额、暂估价、总承包服务费、计日工等）和税金的相关列项与计算，得出最后的工程价格。

5. 工程造价的指标校核。能够通过"云指标""云对比"等功能，调用当地当时的同类项目指标数据，对本项目相关指标进行核对比较，判断本项目造价数据的可靠性和合理性。

1.2.4　数字化造价的职业要求

全国注册造价工程师，是指通过全国注册造价工程师考试，并经过工作单位予以注册的造价工作人员。由全国注册造价工程师完成的工程造价文件，经其签字盖章后即具备相应法律效力。全国注册造价工程师分为一级、二级两个级别，一级为最高。我国的全国注册造价工程师一直处于供不应求的状态，与我国建设经济快速发展的势头不相吻合，需要进一步加大培养力度，培育更多优秀的造价工程师。

造价工程师应具备以下基本素质：

1. 思想品德方面。工程造价工作，关系工程建设顺利与否，影响国计民生，需要从业人员具备良好的思想修养和较高的职业道德，公正公平地对待各方经济利益，避免以权谋私，弄虚作假。

2. 职业素养方面。工程造价工作，不仅需要对当前经济环境、法律法规、现行规范等高度敏感，同时需要在工作中认真负责、严肃细致，具有一丝不苟的工作态度，根据造价专业分工特点，还需要具备团队分工协作的能力。

3. 专业技能方面。工程造价工作，需要能够准确识读相关专业施工图、了解施工工艺技术，熟悉相关计量规范和计价程序，掌握常用的计量与计价软件，进一步还需要具备对工程造价进行指标分析和成本管控的能力。

4. 身体素质方面。工程造价工作，往往伴随着阶段性的压力和较强的工作劳动强度。需要造价工程师具备健康的体魄，具有不断学习和勇于探索的精神。

数字化造价对造价工程师提出了更高的职业要求，不仅需要掌握常规技能，还需要进一步掌握三维专业模型创建、三维计量模型搭建、云指标调用对比、大数据查询等诸多技能。

本教材所讲述的三维计量软件和云计价软件的技能学习，正是数字化造价进程中，对每一位造价工作人员的基本要求。

1.2.5 工程造价改革方向

根据"十四五"建筑业发展规划，下一步我国需要继续完善工程计价依据体系，从国情出发，借鉴国际做法，改进工程计量和计价规则，优化计价依据编制、发布和动态管理机制，更加适应市场化需要。搭建市场价格信息发布平台，鼓励企事业单位和行业协会通过平台发布人工、材料、机械等市场价格信息，进一步完善工程造价市场形成机制。

可以预见的是，工程造价工作始终并将继续作为整个建设工作的核心工作，这个地位不会动摇。造价工作将会越来越规范、科技含量越来越高，造价工作人员的受重视程度会越来越好。

　　工程数字化发展趋势下，造价工作数字化已是现实需求。造价工作者不断学习数字化建模软件和计价软件，接受先进的造价管理理念，是面对日益复杂造价管理工作的必要途径。

1.3 安装工程造价软件介绍

【知识要求】

了解安装造价软件的特点，了解目前我国主流安装计量软件和计价软件种类，明确我国工程造价软件改革发展的基本方向。

【技能要求】

能够根据工作需要，选择出适合单位和自己工作的安装造价软件。

【素养要求】

养成不断钻研、积极进取的学习态度。

1.3.1　安装造价软件的特点

目前国内安装行业造价软件丰富多样，可以大体区分安装计量软件和安装计价软件两大类。

安装计量软件不同于建筑计量软件，其专业多样性比较突出，一般需要具备排水、电气、消防、暖通、空调、工业管道等不同专业的计算功能。

安装计价软件与建筑计价软件往往具备同样的操作功能和操作界面，不同在于清单和定额的组成套用，计价基础和比例的调整。

1.3.2　常见的安装计量软件

常见的安装计量软件有广联达、鲁班、E算量、鸿业、斯维尔、鹏业、易表、算王、品茗等。

以广联达科技股份有限公司出品的 BIM 安装算量软件 GQI 为例，突出特点是专业齐全，三维化特征明显，具备三维模型导入、数据反查和大数据对比等先进功能。目前，BIM 安装算量软件 GQI2021 是广联达研发的最新版本，功能齐备，易用性强，在全国安装软件算量领域占据主导地位。

1.3.3　常见的安装计价软件

常见的安装计价软件有广联达、智多星、斯维尔、神机妙算、品茗、睿特（排名不分先后）等。每款安装计价软件都各有专长，同时也有各自的优势省份。

以广联达出品的云计价软件 GCCP 为例，突出特点是跟踪每个省份最新的计价办法和计价文件，及时导入各省最新版定额，依据云存储、云指标、云检查、云协同等较为先进的理念，一定程度引领了造价软件的发展。目前，广联达云计价软件 GCCP6.0 是广联达研发的最新版本计价软件，在国内安装计价领域具有优势地位。

1.3.4　安装工程造价软件的发展趋势

安装工程造价软件的发展趋势，可以从四个方面看待：

1. 专业识别性能更强。安装工程专业化程度高，专业细分比较多。好的造价软件，需要适应安装细分专业的不断深化发展，能够随着专业发展，不断更新新设备、新工艺，做到对细分专业和新图例图标的准确识别。

2. 数据兼容性能更好。安装工程是建筑中不可或缺且极具三维特征的专业合集，随着 BIM 技术和三维数字孪生技术的不断发展，安装计量软件需要能够导入不同格式的图片、图纸，导入不同软件生成的三维模型。

3. 智能化程度更高。安装工程比较复杂，管线施工涉及工艺工法较多，安装点位、设备属性、桥架配线、保护管配线等的设置对工程量计算都有明显的影响。安装计量软件在识别工程量的过程中，通过自动修正、随机检查、数据反查等功能的不断深化，会进一步提高造价人员的工作效率。

4. 重视云端和大数据功能。安装工程计价过程中，通过云端数据的存储和调用，对比海量项目大数据，可以轻松实现"当前项目与历史同类项目指标对比、当前项目与本区域其他项目指标对比、当前项目不同阶段计价数据对比"等，进一步提高计价的准确性，提高对项目工程造价的管控效果。

安装工程造价是非常有特点的专业学科，它的专业广，涉及的门类特别多；它比较抽象，需要结合图纸去想象工程虚拟形象；它专业性强，水、电、暖等各种图例符号和表示代号都充满内涵；它结合性大，安装与 BIM 技术、安装与 VR 技术、安装与物联网技术等都可以深度融合；它有越来越强的需求性。人们对美好生活的向往，离不开合格的、高品质的安装工程予以保障。所以，同学们需要认真对待这样一门朝气蓬勃的学科，它值得安装造价工作者付出一生、钻研一生。

课后习题

一、单项选择题

1. 以下对于工程造价的广义定义正确的是（　　）。

A. 即"工程项目在建设期预计或实际支出的建设费用"，包括工程费用，工程建设其他费用和预备费

B. 即在招标投标活动中，招标投标双方对建筑、安装工程达成一致的承发包市场价格，即"建筑安装工程费"

C. 即"单位工程造价"，由分部分项工程费、措施项目费、规费、其他项目费和税金构成

D. 即"直接工程费"，由人工费、材料费和机械费组成

2. 下面哪一个是对工程造价特征的正确描述？（　　）

A. 大额性、差异性、层次性、阶段性、动态性

B. 大额性、相似性、层次性、阶段性、动态性

C. 大额性、相似性、层次性、系统性、动态性

D. 大额性、相似性、层次性、阶段性、静态性

3. 以下工程造价"阶段性"特征描述错误的是（　　）。

A. 可行性研究阶段，对应做出的工程造价是"项目估算"

B. 在初步设计阶段，对应做出的工程造价是"项目预算"

C. 在招标投标阶段，招标方完成的是"招标控制价"

D. 在审计备案阶段，对应做出的工程造价是"项目决算"

4. 根据我国《建设工程工程量清单计价规范》GB 50500—2013 要求，对于采用工程量清单计价的说明错误的是（　　）。

A. 国有投资的项目，必须采用工程量清单计价

B. 国有投资为主体的项目，可以采用工程量清单计价

C. 国有投资为主体的项目，必须采用工程量清单计价

D. 非国有资金投资的建设工程，宜采用工程量清单计价

5. 下面有关数字化造价说法有误的是（　　）。

A. "数字化造价"的基本含义，就是通过积极采用数字化技术提高工程造价工作的准确率和工作效率

B. BIM 技术是"数字化造价"的重要工具，BIM 即"建筑信息模型"，是指通过三维模型忠实记录工程项目建造的全过程，是建设工程及其设施的物理和功能特性的数字化表达

C. 工程项目的数字化表达，是当前工程项目建设的必然要求和发展趋势

D. 数字化造价就是指三维建模，两者含义是相同的

二、判断题

1. 应用 BIM 技术，可以提高工程量的出量准确性和出量效率。（　　）

2. 造价工程师只需要对雇主负责，可以按雇主的需要任意调整工程造价。（　　）

3. 全国注册造价工程师，是指通过全国注册造价工程师考试，并经过工作单位予以注册的造价工作人员。（　　）

4. 造价行业以后多是电脑出量、电脑计价，工程造价手工编制工作慢慢会被边缘化，会逐渐消亡。（　　）

5. 随着计量和计价软件越来越多，安装工程造价软件的兼容性会越来越差。（　　）

▶▶ 第2章 数字计量软件说明

内容提要

　　本章主要从软件整体操作层面讲述GQI2021安装计量软件操作的基本功能、基本界面和基本工作流程。

思维导图

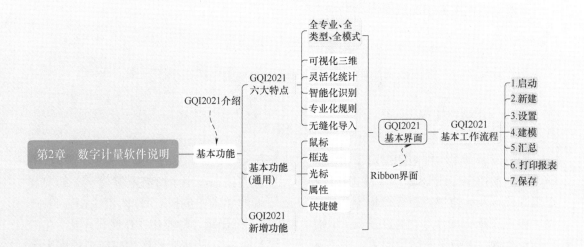

2.1 基本功能

【知识要求】

了解 GQI2021 安装计量软件的特点，熟悉软件的基本功能，掌握 GQI2021 软件的新增功能。

【技能要求】

能够熟练使用 GQI2021 的新增功能。

【素养要求】

培养爱岗敬业、严谨认真的职业素养。

2.1.1　GQI2021 基本介绍

BIM 安装计量软件 GQI2021 是针对民用建筑安装全专业研发的一款工程量计算软件。GQI2021 支持全专业 BIM 三维模式算量和手算模式算量，适用于所有电算化水平的安装造价和技术人员使用，兼容市场上所有电子版图纸的导入，包括 CAD 图纸、REVIT 模型、PDF 图纸、图片等。通过智能化识别，可视化三维显示、专业化计算规则、灵活化的工程量统计、无缝化的计价导入，全面解决安装专业各阶段手工计算效率低、难度大等问题。

GQI2021 拥有六大特点：

1. 全专业、全类型、全模式

BIM 安装计量软件支持电气、给水排水、通风空调、供暖燃气、消防、智控弱电、工业管道安装工程全专业；在导入上支持所有图纸类型导入，包括 CAD 图纸、天正 CAD 图纸、PDF 图纸、Revit 模型、MagicCAD 模型、扫描图纸；在计量模式上支持图纸识别、图片描图、手工画图、表格输入、三维模型导入等多种模式计量；针对不同的用户特点可选用智能表格、简约模式、经典模式。

2. 可视化三维

支持全楼层、全专业三维显示，也可以区域三维显示，支持跨专业碰撞检查，包含全专业 600＋设备模型库。模型精细化显示，真实模拟实际施工现场，模型参数化编辑，使实体渲染后更加逼真；加强了内置模型种类的全面性，并且做了构件与模型的一对一智能匹配，提升易用性，降低修改成本；提升了设备与管线之间连接的真实性，使整体建模效果更加美观；实现云端存储模型，模型随用随下载；新增"模块灯"，满足不同灯具多样化算量需求；梁生成套管，提升套管计算的准确性和全面性，如图 2-1 所示。

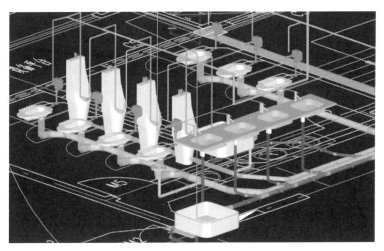

图 2-1 卫生间三维显示

3. 灵活化统计

灵活化统计，精细化出量，计算过程实时查看、分类查看工程量、报表可以自定义灵活统计出量方式。GQI2021 版区分地上地下出量，通过区分地上、地下工程量，更好符合出量需求，如图 2-2 所示。

	分类条件		工程量		
	区分地上地下	名称	导管长度合计(m)	长度(m)	表面积
4	地上	ZAL-4AL	13.179	13.179	
5		ZAL-5AL	15.700	15.700	
6		ZAL-6AL	19.100	19.100	
7		ZAL-7AL	22.709	22.709	
8		ZAL-DAL	26.001	26.001	
9		小计	112.968	112.968	
10	地下	ZAL-1AL	13.427	13.427	
11		ZAL-2AL	14.083	14.083	
12		ZAL-3AL	14.351	14.351	
13		ZAL-4AL	14.614	14.614	
14		ZAL-5AL	13.594	13.594	
15		ZAL-6AL	13.347	13.347	

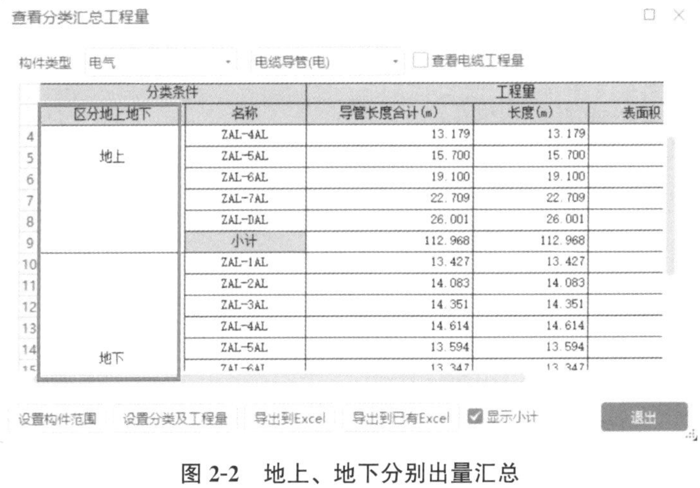

图 2-2 地上、地下分别出量汇总

4. 智能化识别

智能化识别，高效建模，提供设备一键整楼识别、电气管线多回路识别、管道自动识别、喷淋管道标识识别、通风管道按系统编号识别。照明回路批量识别，如图 2-3 所示，一键快速完成照明管线算量，操作简单，修改灵活，提升工作效率；点式设备一键提量，自动筛选图中无用图元，减少人工干预，保证识别的准确性；相同图例大小不一的，自动按照一个构件出量，减少用户二次修改成本；多个单项工程一次性全部识别，极大提升算量效率。

5. 专业化规则

内置定额计算规则，预留自动计算，套管、穿刺线夹、支架自动生成，并可以对实际

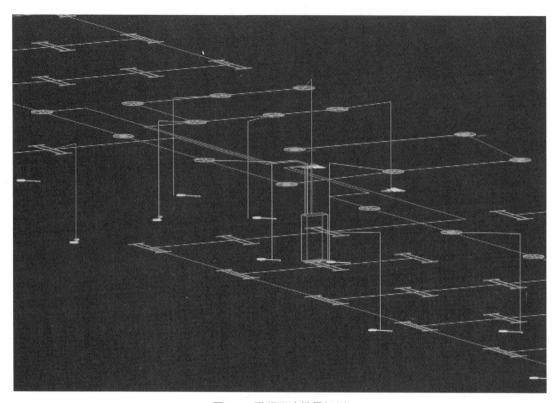

图 2-3　照明回路批量识别

工程进行自定义设置，如图 2-4 所示。

计算设置

给排水	采暖燃气	电气	消防	通风空调	智控弱电	工业管道

恢复当前项默认设置	恢复所有项默认设置	导入规则	导出规则

计算设置	单位	设置值
⊟ 电缆		
⊟ 电缆敷设弛度、波形弯度、交叉的预留长度	%	2.5
计算基数选择		电缆长度
电缆进入建筑物的预留长度	mm	2000
电力电缆终端头的预留长度	mm	1500
电缆进控制、保护屏及模拟盘等预留长度	mm	高+宽
高压开关柜及低压配电盘、箱的预留长度	mm	2000
电缆至电动机的预留长度	mm	500
电缆至厂用变压器的预留长度	mm	3000
⊟ 导线		
配线进出各种开关箱、屏、柜、板预留长度	mm	高+宽
管内穿线与软硬母线连接的预留长度	mm	1500

图 2-4　内置计算规则

6. 无缝化导入

内置最新的清单库和定额库，可在软件中套取做法，与计价软件（GBQ4.0、GCCP5.0、GCCP6.0）无缝对接。

在进行安装工程各专业工程量计算时，基本遵循五个基本步骤，即新建工程→导入图纸→识别数量→识别长度→汇总计算。

2.1.2 GQI2021基本操作与功能

1. 鼠标的使用

在GQI2021软件操作界面绘图区域，鼠标的基本操作如下：

（1）鼠标位置不变，向上推动滚轮，放大CAD图；向下推动滚轮，缩小CAD图。

（2）双击滚轮，回到全屏状态。

（3）按住滚轮，移动鼠标，进行CAD图的拖动平移。

2. 框选

当鼠标处在选择状态时，在绘图区域内拉框进行选择，框选分为两种：

（1）在GQI2021软件操作界面绘图区域，当鼠标处在选择状态时，进行右框选，即单击图中任一点，向右方拉一个方框选择，拖动框为实线，只有完全包含在框内的图元才被选中，如图2-5所示。

（2）左框选，即单击图中任一点，向左方拉一个方框选择，拖动框为虚线，框内及与拖动框相交的图元均被选中，如图2-6所示。

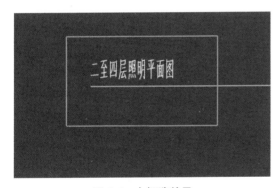

图2-5 右框选效果

图2-6 左框选效果

3. 光标状态

在软件操作中，根据不同的操作，光标显示的状态不同，常见的有以下几种情况：手形是处于版面移动操作状态中；田（四面皆有出头）字状是处于画图输入状态中；十字形是处于选择状态中；箭头状是光标在图形输入框以外时的显示；回字状是处于设置、合并等操作时在选择构件时的显示，处于构件上是回字形，构件以外是口字形；放大镜形是处于缩放操作状态中。

4. 公有属性和私有属性

公有属性：也称公共属性，指构件属性中用蓝色字体表示的属性，是全局属性（任何时候修改，所有的同名构件都会自动进行刷新）。

私有属性：指构件属性中用黑色字体表示的属性（只针对当前选中的构件图元修改有效，而在定义界面修改属性则对已经画过的构件无效）。

公有属性是全局属性，一改而全改。比如，凡是名称为"PC16"的管均具有材质和管径相同的属性，只要修改共有属性的任何一项属性值，不论是在定义界面还是绘图界面，选中的及未选中的构件的属性均被修改。

私有属性只是针对当前选中的构件进行修改，对当前构件和之后进行绘制的构件产生影响。

何时需要新建构件，何时只需修改属性，可以简单地这样理解：PC16 的管既可以穿两根线也可以穿三根线，我们在识别了两根线的管道之后再次识别三根线的时候，此时由于仍旧是 PC16 的管，直接修改"导线规格型号"中导线的根数即可；再如标高信息只是表明配管的位置，在水平方向上敷设和竖直方向上布置并不会影响管道的名称及材质。

5. 软件中的快捷键

F1：打开"帮助"文件

F2：切换"绘图"界面和"定义"界面

F3：打开"批量选择"对话框

F5：合法性检查

F7：打开"CAD 图层显示"对话框

F8：打开"楼层图元显示设置"对话框

F9：打开"汇总计算"对话框

F11：打开"查看工程量"对话框

F12：打开"构件图元显示设置"对话框

也可以通过帮助文档查看，具体路径为：菜单栏"帮助"→"文字帮助"→"绘图输入"→"功能介绍"→"快捷键介绍"。

2.1.3　GQI2021 新增功能

1. 新业务拓展-工业管道

包含新增工业管道专业、新增工业管道构件类型及特有属性、工业管道-直线绘制、工业管道-管道标识识别、工业模块套做法-自动匹配清单等功能。

2. 新清单响应

包含新增"模块灯"子构件类型、模块灯三维建模、模块灯按面积出量、梁生成套管、穿梁套管出量等功能。

3. 报表反查、构件列表双击查量

从算量、查量到对量全过程，支持对工程量的精准逐层筛查、实时修改。

4. 计算设置调整

响应定额变化，增加工业管道超高计算方法，并根据湖南省、北京市等地的超高起始值进行匹配默认数据，缩短设置时间。

5. 增加构件属性

响应定额变化，增加新的构件类型，用户类型下拉框直接选择，减少手动输入，提升算量效率。

6. 防雷接地模块优化

（1）构件列表中新建防雷接地专业构件功能可用，保持同其他专业一致，符合用户在其他专业上的使用习惯。

(2) 下拉列表中包含防雷接地专业常用构件，导航用户列项算量。

(3) 防雷接地构件支持倍数等属性。

7. 协同办公云服务

云端工程云存储，随用随下载，随用随上传，云端工程模型涵盖安装全专业，可切分单项、楼层、构件查看，可点选单个设备、管线查看属性。

8. 模型合并

安装工程模型"多合一"，兼容经典与简约工程，包含图纸与图元，支持设置楼层和插入点。

9. 云报表

云端查看报表功能包括电气专业下管线、设备、支架 3 张报表，在 GQI 软件中做完工程，上传造价云，即可同步更新云端报表数据。

10. 云分享

利用线上分享功能，实现工程文件快速传递，提升协同办公的效率。

11. 支持工程多开

可支持同一版本打开多个工程（目前限制最多打开 3 个），每个工程均可独立操作软件所有功能，帮助用户极大程度地提高查量和多个工程同时修改的工作效率。

　　造价工作是一项严谨又复杂的工作，随着数字化的进一步提高，软件版本不断升级更新，需要从业者具备持续不断学习的能力，不断更新个人的知识与技能储备，不断加强自身素养，成为一名优秀的造价工作者。

2.2　GQI2021 基本界面

【知识要求】

　　了解 GQI2021 安装计量软件的全新 Ribbon 界面，熟悉软件新增加的分层机制，掌握绘图区域内容。

【技能要求】

　　能够熟练使用 GQI2021 的新增分层机制。

【素养要求】

　　培养爱岗敬业、严谨认真的职业素养。

2.2.1　Ribbon 界面

GQI2021 中的界面功能是以选项卡来区分不同的功能区域,以功能包来区分不同性质的功能,功能排布符合用户的业务流程,用户按照选项卡、功能包的分类,能够很方便地找到对应的功能按钮,如图 2-7 所示。

图 2-7　GQI2021 功能区

2.2.2　增加分层机制

GQI2021 功能包下增加分层机制,能支持同一楼层空间位置上,不同分层显示不同图纸识别的构件图元,并且不同分层图元在识别时,互不影响。请注意,同一楼层的不同分层图元均属于当前层,可以通过分层显示进行全部分层查看图元,如图 2-8 所示。

图 2-8　分层显示

2.2.3　宽阔的绘图区域

GQI2021 提供了更宽阔的绘图区域,如图 2-9 所示。

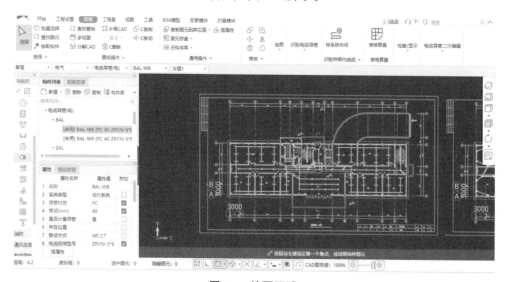

图 2-9　绘图区域

1. 选项卡按"算量模块顺序"重新命名

根据业务流程以及用户的操作习惯，将界面进行合理的排布，给用户呈现了一个操作更加便捷、区域更加宽阔的绘图区域；可以实现楼层切换、专业切换、构件类型切换。

2. 绘图区导航栏等窗体随意调整位置

鼠标左键按住要调整的泊靠窗体，按照方向标进行调整位置。可以根据自己的使用习惯进行窗体的泊靠。

3. 绘图区增加"动态三维"快捷操作栏

根据用户的操作系统，我们增加了快速导航栏，方便用户不用切换页签直接触发视图类功能进行查看图元。

编者有话说

　　跟随社会进步的脚步，工程造价专业同学需要不断快速地掌握我国建设工程造价的最新知识和实务操作，不断提高识图能力、建模能力、算量能力，在学习过程中养成良好的团队协作、沟通表达能力，培养高度的工作责任心、职业规范和职业道德。

2.3 GQI2021 基本工作流程

【知识要求】

熟悉 GQI2021 安装计量软件的基本工作流程。

【技能要求】

能够掌握 GQI2021 安装计量软件的建模过程。

【素养要求】

培养爱岗敬业、严谨认真的职业素养。

通过以下几个操作步骤，您可以快速熟悉安装算量软件的整体操作流程。

第一步：启动软件，单击桌面快捷图标，如图 2-10 所示。

或是通过单击"开始"→"所有程序"→"广联达建筑工程造价管理整体解决方案"，如图 2-11 所示。

进入登录页面，如图 2-12 所示，进行账号登录。

第二步：新建工程

1. 单击"新建"按钮，弹出窗体，根据窗体内要求进行填写，如图 2-13 所示。

2. 单击"创建工程"后，进入到软件操作主界面，进行下一步操作，如图 2-14 所示。

图 2-10　GQI 快捷图标

图 2-11　选择启动程序

图 2-12　GQI 登录页面

新建工程　　　　　　　　　　　　　　　　　　　　　　　　　　　　　×

| 工程名称 | 工程1 |
| 工程专业 | 全部 |

选择专业后软件能提供更加精准的功能服务

计算规则	工程量清单项目设置规则(2013)
清单库	[无]
定额库	[无]

请选择清单库、定额库，否则会影响套做法与材料价格的使用

算量模式　○ 简约模式：快速出量
　　　　　◉ 经典模式：BIM算量模式

创建工程　　取消

图 2-13　新建工程

新建工程　　　　　　　　　　　　　　　　　　　　　　　　　　　　　×

| 工程名称 | 电气工程 |
| 工程专业 | 电气 |

选择专业后软件能提供更加精准的功能服务

计算规则	工程量清单项目设置规则(2013)
清单库	工程量清单项目计量规范(2013-湖南)
定额库	湖南省安装工程消耗量标准(2020)

请选择清单库、定额库，否则会影响套做法与材料价格的使用

算量模式　○ 简约模式：快速出量
　　　　　◉ 经典模式：BIM算量模式

创建工程　　取消

图 2-14　创建工程

第三步：工程设置

1. 在工程设置选项卡中，依次单击"工程设置"功能包下的命令，进行工程设置，如图 2-15 所示。

图 2-15　工程设置

2. 单击"图纸管理"按钮，通过图纸添加、定位、分割操作，建立图纸关系结构，方便后续管理，并提供了两种图纸分配模式，可以根据需要进行模式选择。

3. 单击"设置比例"按钮，对导入图纸进行比例的复核设置。

4. 单击"工程信息"按钮，进行该工程信息的完善。

5. 单击"插入楼层"按钮，进行添加楼层。

第四步：模型建立

1. 在已导入 CAD 图的情况下，切换到"建模"选项卡，根据各专业具体要求使用该页签中的功能按钮进行绘图建模，如图 2-16 所示。

图 2-16　"建模"选项卡

2. BIM 安装计量软件 GQI2021 中，六个专业中识别管道图元的方法类似，识别设备方法也相同。根据不同专业需使用的功能模块，在打开的对应功能分区进行工程模型的建立。

第五步：汇总计算

1. 在"工程量"页签中单击"汇总计算"功能，弹出"汇总计算"界面，单击"计算"按钮，如图 2-17 所示。

图 2-17　"汇总计算"功能

2. 屏幕弹出"工程量计算完成"的界面，单击"关闭"按钮，如图 2-18 所示。

第六步：打印报表

1. 在"工程量"选项卡中选择"查看报表"功能，弹出窗体，如图 2-19 所示。

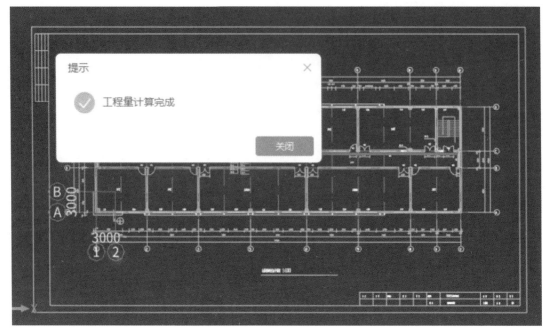

图 2-18　"工程量计算完成"界面

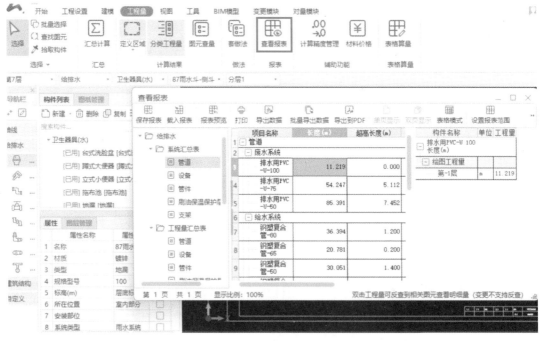

图 2-19　查看报表

2. 在左侧导航栏中选择相应的报表，在右侧就会出现报表预览界面，如图 2-20 所示。

3. 单击"打印"按钮则可打印该张报表。选择导出格式，则可导出该报表，如图 2-21 所示。

第七步：保存工程

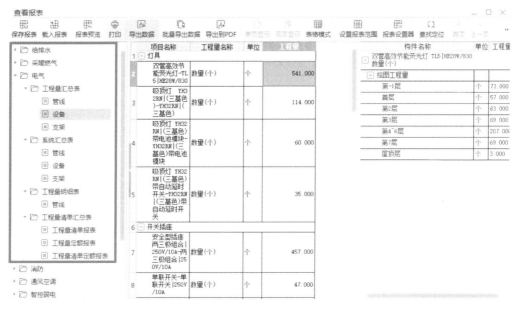

图 2-20　报表预览

图 2-21　"打印"报表

　　单击软件窗口上方快速启动栏，再单击"保存"，即可将工程文件保存在本地电脑上，下次可直接打开 GQI 工程文件，以供查量核量，或继续建模算量。

　　单击左上角 A 图标，再单击"退出"，即可退出软件。

在科学技术日益发达的今天，结构新颖、规模宏大、极富个性的建筑层出不穷，造型复杂所带来的工程量计算难度对图形算量软件的挑战也越来越大，对其高效性与精确性要求会更加突出。软件的更新与升级是为了解决更多复杂工程中遇到的问题，因此在工程造价管理过程中，在使用软件的过程中，我们需要不断地总结经验和提高操作技巧，同时加强对工程整体及细部、工程的先后顺序、层次性的理解，才能真正地灵活运用这些软件，保证算量更准确，更高效。

课后习题

一、单项选择题

1. GQI2021 安装计量软件的兼容性比较好，可以导入的电子文件格式有（　　）。

A. CAD 图纸　　　　　B. REVIT 模型　　　　　C. PDF 图纸　　　　　D. 图片等

2. 在进行安装工程各专业工程量计算时，GQI2021 软件基本遵循（　　）的基本步骤。

A. 新建工程→导入图纸→识别数量→识别长度→汇总计算

B. 新建工程→导入图纸→识别长度→识别数量→汇总计算

C. 导入图纸→新建工程→识别数量→识别长度→汇总计算

D. 导入图纸→新建工程→识别长度→识别数量→汇总计算

3. GQI2021 软件中，可以用来提示下一步操作的区域被称为（　　）。

A. 菜单栏　　　　　B. 状态栏　　　　　C. 导航栏　　　　　D. 工具栏

4. "楼层设置"模块中，鼠标选中"首层"后，单击"插入楼层"，输入"1层"，此时插入的楼层为（　　）。

A. 第−1层　　　　　B. 第−2层　　　　　C. 第1层　　　　　D. 第2层

二、判断题

1. 私有属性，即构件属性中用黑色字体表示的属性。该属性只针对当前选中的构件图元修改有效，而在定义界面修改属性则对已经画过的构件无效。（　　）

2. 在"菜单栏"中选择"工程设置"选项卡，单击"设置比例"按钮，此时是要对导入图纸进行比例的复核设置。（　　）

▶▶ 第3章　电气工程计量

内容提要

本章主要讲述电气工程识图要点、GQI2021电气工程模块的工程量计量的方法、操作步骤及相关注意事项。

思维导图

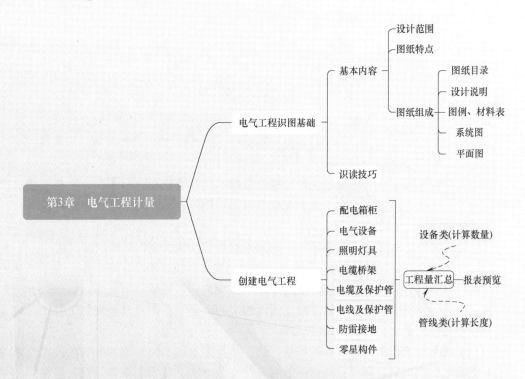

3.1 电气工程识图基础

【知识要求】

了解电气工程施工图的设计范围和特点，熟悉电气工程施工图的组成，掌握电气工程施工图识读方法，了解 GQI 软件计量电气工程的范围。

【技能要求】

能够正确识读电气工程施工图，获取电气工程计量的相关信息。

【素养要求】

培养获取信息的能力和规范意识。

3.1.1　电气工程识读基本内容

1. 电气工程施工图设计范围

电气工程施工图所涉及的内容往往根据建筑物不同的功能而有所不同，主要有建筑供配电、动力与照明、防雷与接地、建筑弱电等方面，用以表达不同的电气设计内容。

2. 电气工程图纸的特点

（1）建筑电气工程图大多是采用统一的图形符号并加注文字符号绘制而成的。

（2）电气线路都必须构成闭合回路。

（3）线路中的各种设备、元件都通过导线连接成为一个整体。

（4）在进行建筑电气工程图识读时应阅读相应的土建工程图及其他安装工程图，以了解相互间的配合关系。

（5）建筑电气工程图对于设备的安装方法、质量要求以及使用维修方面的技术要求等往往不能完全反映出来，所以在阅读图纸时有关安装方法、技术要求等问题，要参照相关图集和规范。

3. 电气工程施工图组成

（1）图纸首页

① 图纸目录：图别、图号、图纸名称、规格等；

② 设计说明：将图中未表达或表达不清楚的问题进行说明；

③ 图例：列出本套图纸所使用的图形符号；

④ 设备材料表：统计本工程的主要设备和材料的名称、型号、规格、数量等有关重要数据。

（2）系统图

电气系统图是由图例、符号、线路组成的网络连接示意图。系统图反映了系统的基本组成、主要电气设备、元件之间的连接情况以及它们的规格、型号、参数等。通过识读系统图，了解建筑物的总配电情况、电源引入及各层照明线路的控制和分配、配电箱的型号、配电线路及穿线管的类型、规格等。根据配电系统的功能可分为总配电系统图、楼层配电系统图、楼梯间公共照明配电系统图、动力用电系统图。

（3）平面图

电气工程平面图一般包括动力平面图、照明平面图、防雷平面图等。在平面图上主要表明电源进户线的位置、类型，配电线路的走向、类型、敷设方式，穿线管类型，配电箱（盘）的安装位置及方式，各类用电设备的安装方式、规格和高度等。

3.1.2 电气工程施工图识读方法

1. 熟悉电气图例符号，弄清图例、符号所代表的内容。常用的电气工程图例及文字符号可参见国家颁布的《电气简图用图形符号》GB/T 4728。

2. 针对一套电气施工图，一般应先按以下顺序阅读，然后再针对某部分内容进行重点识读。

（1）看标题栏及图纸目录：了解工程名称、项目内容、设计日期及图纸内容、数量等。

（2）看设计说明：了解工程概况、设计依据等，了解图纸中未能表达清楚的各有关事项。

（3）看设备材料表：了解工程中所使用的设备、材料的型号、规格和数量。

（4）看系统图：了解系统基本组成，主要电气设备、元件之间的连接关系以及它们规格、型号、参数等，掌握该系统的组成情况。

（5）看平面布置图：如照明平面图、防雷接地平面图等。了解电气设备的规格、型号、数量及线路的起始点、敷设部位、敷设方式和导线根数等。

（6）看控制原理图：了解系统中电气设备的电气自动控制原理，以指导设备安装调试工作。

（7）看安装接线图：了解电气设备的布置与接线。

（8）看安装大样图：了解电气设备的具体安装方法、安装部件的具体尺寸等。

3.1.3 软件计量的范围

1. 设备类——数量

设备类包括：配电箱柜、照明灯具、开关、插座及其他设备，见电气工程施工图图例及主要设备表，如图 3-1 所示。

2. 管线类——长度

配管长度、线槽长度、桥架长度、配线（电线、电缆）长度、剔槽长度、预留长度（电缆还要考虑敷设驰度）。

其他附属：电缆头、接线端子。

强电系统图例及主要设备表

序号	图例	名称	规格	单位	数量	备注
1	▬	动力配电、控制箱	非标箱/厂家定制	台	详图	详系统图
2	▬	照明配电箱	PZ30系列照明箱	台	详图	详系统图
3	▭	动力总柜	非标箱/厂家定制	台	详图	详系统图
4	⊗	吸顶灯	YH32RN（三基色）	盏	详图	吸顶安装
5	⊛	吸顶灯	YH32RN（三基色）带电池模块	盏	详图	吸顶安装
6	⊛t	吸顶灯	YH32RN（三基色）带自动延时开关	盏	详图	吸顶安装
7	▭	双管高效节能荧光灯	TL5　HE28W/830	盏	详图	设备房采用应急型，应急时间不小于180min
8	▽	安全型插座	两三极组合　250V/10A	盏	详图	距地　0.3　米安装
9	▽	防水安全型插座	两三极组合　250V/10A	盏	详图	距地　1.5　米安装
10	✑	风机盘管开关	设备配套	盏	详图	距地　1.3　米安装
11	✎	双控开关	双控开关　250V/10A	个	详图	接线方式详见系统图，　1.3　米安装
12	✎	单联开关	单联开关　250V/10A	个	详图	距地　1.3　米安装
13	✎	双联开关	双联开关　250V/10A	个	详图	距地　1.3　米安装
14	✎	三联开关	三联开关　250V/10A	个	详图	距地　1.3　米安装
15	✎	四联开关	四联开关　250V/10A	个	详图	距地　1.3　米安装
16	✎✎	防水开关	防水开关　250V/10A	个	详图	潮湿环境距地　1.3　米安装

图 3-1　图例及主要设备表

编者有话说

　　工程图识读对于造价工程师来说非常重要。如果看不懂图纸，那么后面的算量和计价就相当于"无米之炊"。因此，造价工程师要具备很强的识图能力，要能从工程图纸中获取计量与计价所需的关键信息。而施工图中又往往会出现参见某某规范、某某图集等字样。因此，造价工程师还应该有规范意识，要会查找规范、识读规范、应用规范。

3.2　创建电气工程

【知识要求】

　　掌握利用GQI软件创建新的电气工程的步骤和方法。

【技能要求】

　　能够分析图纸信息，在GQI软件中创建新工程、进行工程设置；能够利用GQI软件熟练地对图纸进行定位、分割。

【素养要求】

　　具备敬业乐群的职业精神。

3.2.1 分析图纸

通过识读图纸，需要明确以下内容：

工程名称：长沙××公司办公楼

工程专业：电气

计算规则：工程量清单项目设置规则（2013）

清单库：工程量清单计价规范 2013（选择工程所在地区）

定额库：（选取当地安装工程计价定额，并结合工程项目建设时间选择匹配年份）

算量模式：没有特殊需求通常选用经典模式（BIM 算量模式）

1—1

3.2.2 新建单位工程

双击桌面 GQI2021 软件快捷图标，弹出对话框，如图 3-2 所示。

电气"新建单位工程"演示

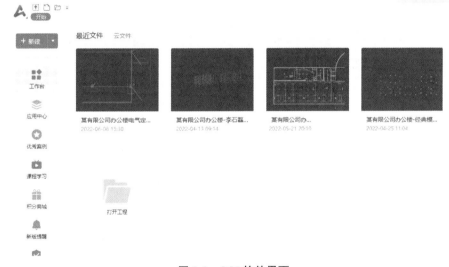

图 3-2 GQI 软件界面

1. 鼠标左键单击"新建"，弹出"新建工程"对话框，如图 3-3 所示。

2. 在"工程名称"处输入"某有限公司办公楼—电气"，"工程专业"选择"电气"，"计算规则"选择"工程量清单项目设置规则（2013）"，如果需要计价就选"清单库"和"定额库"；如果仅是计算工程量，则不用选择。选择"经典模式"，单击"创建工程"，即可完成。如图 3-4 所示。

【提示】

新建工程这一环节，影响工程量计算的只有"计算规则"，其他信息只起标识作用。所以，计算规则一定要选择正确。

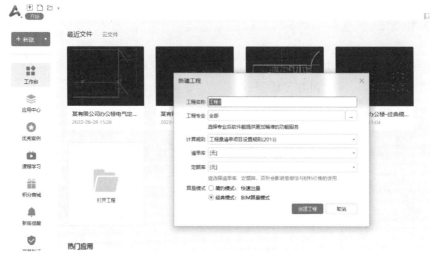

图 3-3　"新建工程"对话框

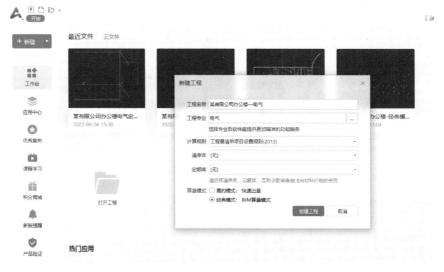

图 3-4　输入新建工程相关信息

3.2.3　工程设置

1. 工程信息

单击工具栏"工程设置"—"工程信息",如图 3-5 所示,并输入相关信息,确认无误后,关闭此对话框即可。

2. 楼层设置

单击工具栏"工程设置"—"楼层设置",如图 3-6 所示,然后在对话框右侧进行楼层设置。

单击"插入楼层"按钮,进行楼层添加或删除,根据建筑图纸输入层高信息,如图 3-7 所示。

1-2

电气"工程设置"演示

图 3-5 工程信息

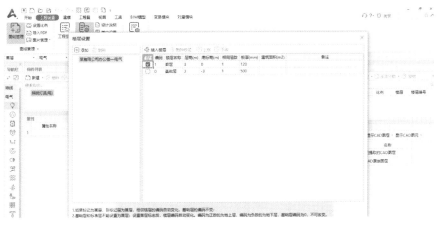

图 3-6 楼层设置

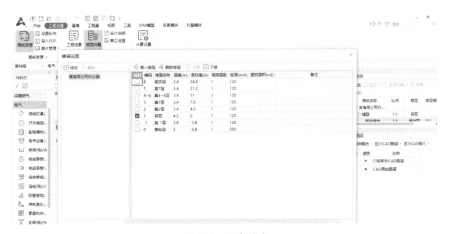

图 3-7 层高信息

说明：

（1）首层和基础层是 GQI 软件自动建立的，是无法删除的。

（2）当建筑物有地下室时，基础层指的是最底层地下室以下的部分，当建筑物没有地下室时，可以把首层以下的部分定义为基础层。

（3）建立地下室层时，将鼠标光标放在"基础层"，再单击"插入楼层"，即可插入"－1层"。

（4）最上面可设置成屋顶层或结构层。

（5）巧用标准层。

3. 设计说明

单击工具栏"工程设置"—"设计说明"，在此界面上设置图纸设计说明中的相关项目信息，如图 3-8 所示。

	属性名称	属性值
1	□ 工程信息	
2	工程名称	长沙数科办公楼
3	计算规则	工程量清单项目设置规则(2013)
4	清单库	工程量清单项目计量规范(2013-湖南)
5	定额库	湖南省安装工程消耗量标准(2020)
6	项目代号	
7	工程类别	写字楼
8	结构类型	框架结构
9	建筑特征	矩形
10	地下层数(层)	1
11	地上层数(层)	7
12	檐高(m)	35
13	建筑面积(m2)	
14	□ 编制信息	
15	建设单位	
16	设计单位	
17	施工单位	
18	编制单位	
19	编制日期	2022-03-02
20	编制人	
21	编制人证号	
22	审核人	
23	审核人证号	

图 3-8　设计说明

4. 图纸管理

单击工具栏"工程设置"—"图纸管理"，单击"添加"，然后选择相应的图纸后，CAD图就导入到 GQI 软件中，如图 3-9 和图 3-10 所示。

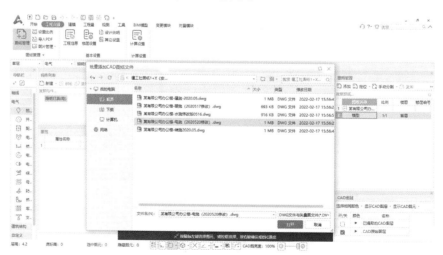

图 3-9　添加 CAD 图纸

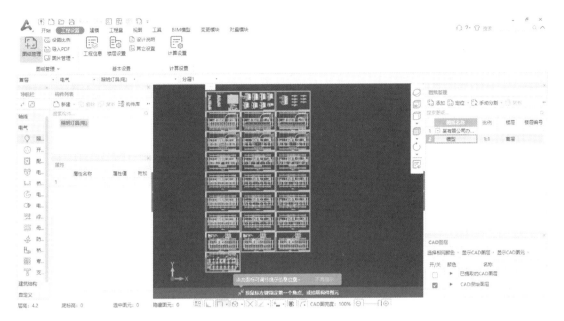

图 3-10　添加图纸后的软件界面

单击工具栏"工程设置"—"设置比例"，对需要设置比例的图纸进行框选，确认后，任意选择有标注尺寸的线段进行比例设置，如图 3-11 和图 3-12 所示。

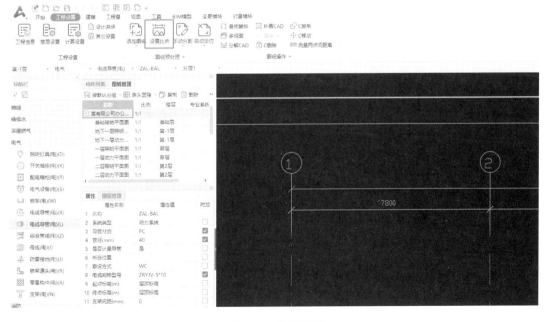

图 3-11　比例设置

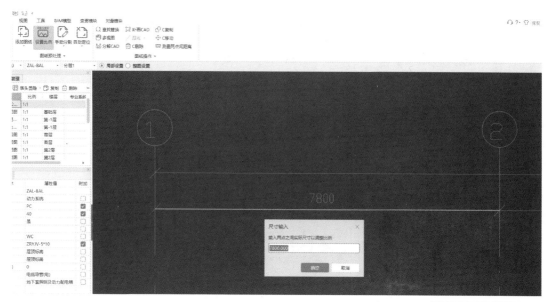

图 3-12　尺寸输入

1-3

电气"图纸
定位与分割"
演示

3.2.4　图纸定位与分割

1. 图纸定位

单击"工程设置"—"图纸管理"—"定位",打开下方的"正交"命令,对工程图纸进行定位,如图 3-13 所示。用同样的方法对其余楼层的图纸进行定位。

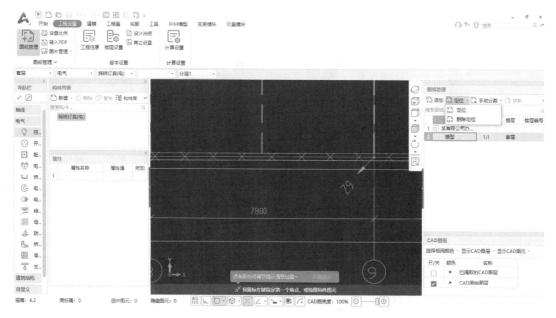

图 3-13　图纸定位

说明：

（1）定位主要是为了使上下楼层对应。

（2）定位点选择各层的共有点，通常选择轴网定位。

（3）可通过激活"交点"功能，准确定位至1轴和A轴的交点。

2. 图纸分割

单击"图纸管理"—"分割"，选择"手动分割"功能，左键框选图纸，变蓝后右键选择相应的楼层，识别图名后单击"确定"，这样图纸就分割在相应的楼层平面里。用同样的方法把其余楼层的图纸进行分割，如图3-14～图3-16所示。

所有图纸都分割完毕后，图纸就会被分配在相应的楼层，如图3-17所示。

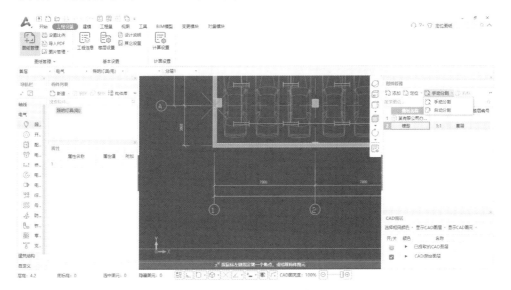

图3-14 手动分割命令

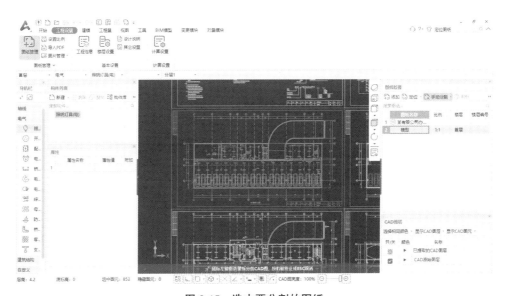

图3-15 选中要分割的图纸

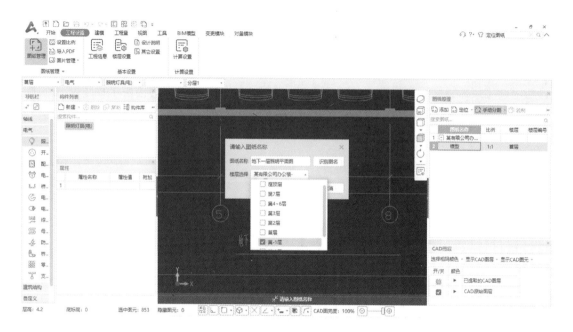

图 3-16　勾选图纸所在楼层

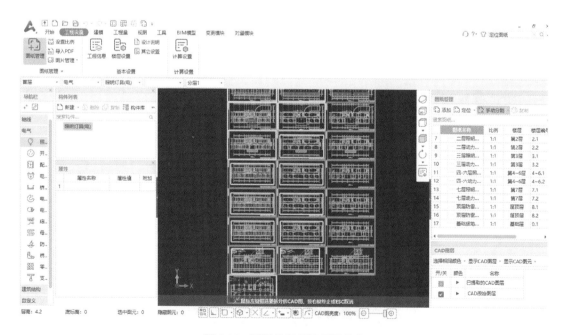

图 3-17　图纸分割后的显示状态

编者有话说

　　电气工程属于单位工程，是不能独立发挥生产能力或效益的工程。一个工程项目是由几个单位工程组成的，一个工程项目的总造价也是由几个单位工程造价所组成。在计算电气工程工程量时，往往需要和其他专业相配合，需要查看其他专业图纸，需要和其他专业技术人员沟通。因此，一名好的造价工程师不仅要有敬业精神，还要具备团队协作能力和团队合作意识。

3.3 配电箱柜工程量计算

电气"配电
箱工程量计
算（识别）"
演示

【知识要求】

　　掌握配电箱柜 GQI 软件算量的步骤和方法。

【技能要求】

　　能够依据图纸使用 GQI 软件计算配电箱柜的工程量。

【素养要求】

　　培养数字化的职业素养。

3.3.1　分析图纸

　　本套图纸共有 2 个总动力配电柜，均为落地安装，分别为：ZAL、BAL；照明配电箱有 8 个，分别为：1AL、2AL、3AL、4AL、5AL、6AL、7AL、DAL，均为距地 1.3m 安装；1 个弱电信息总箱，ZBL，距地 1.3m 安装。

3.3.2　配电箱构件定义

　　结合图纸信息，返回 CAD 模型界面，单击"系统图"，提取配电箱信息，如图 3-18 所示。

　　注意：每个配电箱的属性内容，一定要按照系统图信息填写完整，比如标高、敷设方式等。

3.3.3　配电箱识别

　　对应已列配电箱所在楼层，切换至对应楼层平面图进行配电箱的识别。单击配电箱的

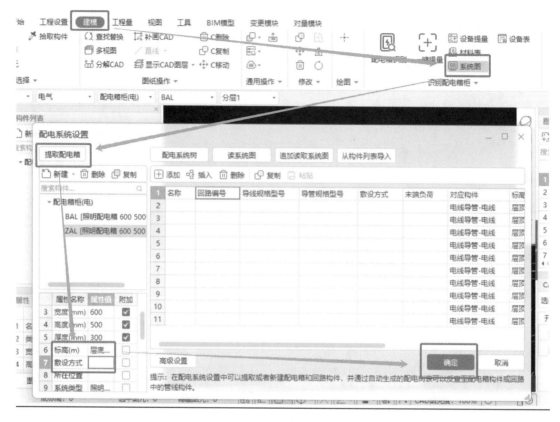

图 3-18　配电箱柜构件定义步骤

图形和名称，左键选择，右键确认，在弹出来的对话框中选择配电箱所在楼层。配电箱识别方法如图 3-19 所示。

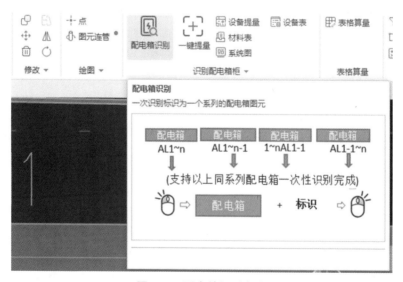

图 3-19　配电箱识别方法

注意："配电箱识别"可以一次识别一个系列的配电箱。

【提示】

（1）构件识别完成后，GQI软件可以自动进行漏量检查。漏量检查可针对块图元进行快速检查，直接双击定位，快速识别。漏量检查步骤如图3-20所示。

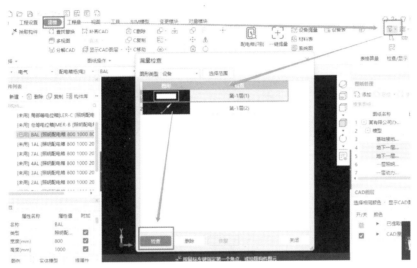

图 3-20 漏量检查步骤

（2）通过调整CAD图亮度百分比，对比构件是否识别。已识别构件亮显，未识别灰显，如图3-21所示。

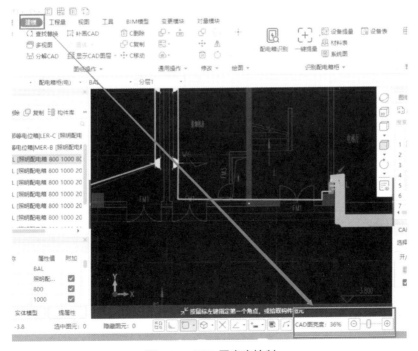

图 3-21 CAD 图亮度控制

（3）无需汇总计算，实时查看已提取的工程量，如图 3-22 所示。

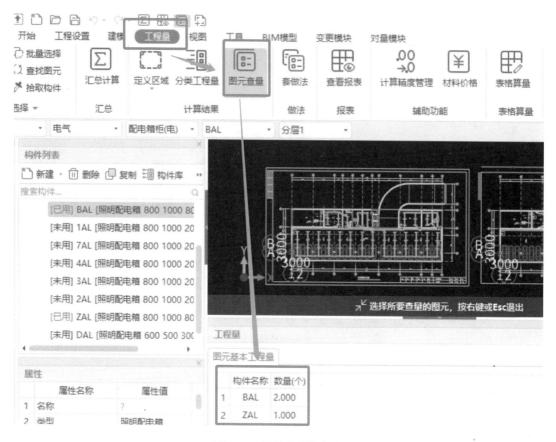

图 3-22　图元查量的方法

编者有话说

　　在数字化引领行业巨变的今天，新基建正在迸发新动力，5G、大数据、AI 向千行百业纵深战略，智能世界正在互联万物。工程造价行业紧跟建筑业步伐，改变手工算量的工作模式，加持数字化技术，数字造价管理时代已经到来。工程造价专业人员在智能终端的协助下，可随时随地开展工作，让工作变得智能高效。

3.4　电气设备工程量计算

【知识要求】

　　掌握电气设备 GQI 软件算量的步骤和方法。

【技能要求】

能够依据图纸使用 GQI 软件计算电气设备的工程量。

【素养要求】

培养认真严谨的工作态度。

3.4.1 图纸分析

GQI2021 电气模块中的电气设备主要是变压器、电动机、发电机、蓄电池、光伏逆变器、太阳能控制器等。在一般的民用建筑中，一般较少涉及该部分电气设备的工程量计算。本教材使用的图纸中没有此部分，本小节内容采用外部图纸讲解该模块的使用。

本节借用"某垃圾焚烧发电项目"图纸进行分析讲解，图纸详情见教材配套电子资料。由"主控楼配电室及蓄电池室厂用配电装置布置图"可知该工程主控楼配电室内有"1000Ah 阀控式铅酸蓄电池组"需要进行电气设备计量，尺寸为 5000mm×800mm，如图 3-23 所示。

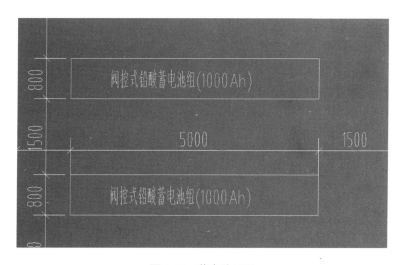

图 3-23 蓄电池组图

3.4.2 电气设备构件定义

1. 构件定义

依据图 3-23 中阀控式铅酸蓄电池组新建构件，操作步骤如图 3-24 所示。

2. 修改属性

在打开的构件属性对话框，类型属性里选择需要的构件名称，如图 3-25 所示。按照图纸要求填写规格型号、容量等属性，如图 3-26 所示。

图 3-24　电气设备新建构件步骤

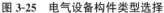

图 3-25　电气设备构件类型选择

图 3-26　电气设备构件属性定义

3.4.3　电气设备识别

　　GQI 软件中提供了设备提量和表格算量两种建模方式。设备提量功能可以智能反建构件并生成模型，将CAD图上的设备图例、带有文字标识的设备图例转化为软件中的图元模型，从而计算此类设备数量。

1. 设备提量

单击工具栏中的"设备提量"，如图3-27所示，鼠标左键框选图元，右键确认。

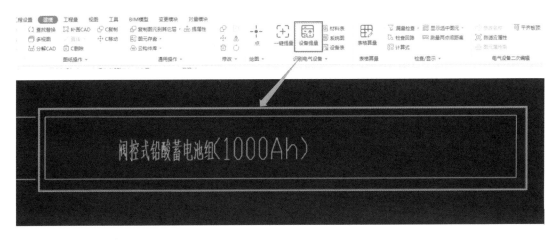

图 3-27 蓄电池组提量

确认后可以进行选择楼层，在有该设备的楼层进行设备识别提量，如图3-28所示。

图 3-28 提量楼层的选择

2. 表格算量

对于有些设备不能识别，无法使用设备提量时，可使用表格算量进行计算，具体步骤如下：

第一步：单击工具栏中的"表格算量"，如图 3-29 所示。

图 3-29　表格算量图标

第二步：单击"添加"，如图 3-30 所示，选择需要的设备。

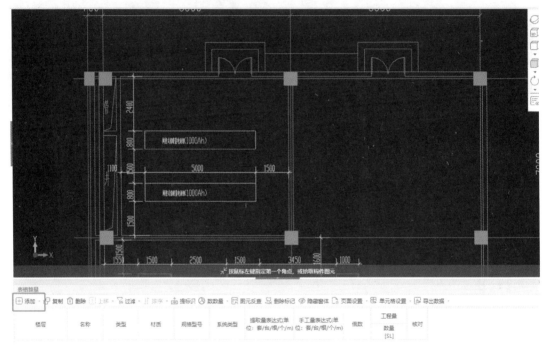

图 3-30　表格的添加

第三步：根据图纸在表格算量对话框中填好电气设备的规格型号，单击"数数量"按钮，如图 3-31 所示。

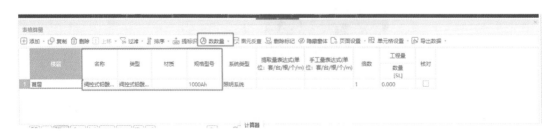

图 3-31　表格的填写

第四步：在绘图界面用鼠标左键框选图例，右键确认，计算出工程量，如图 3-32 所示。

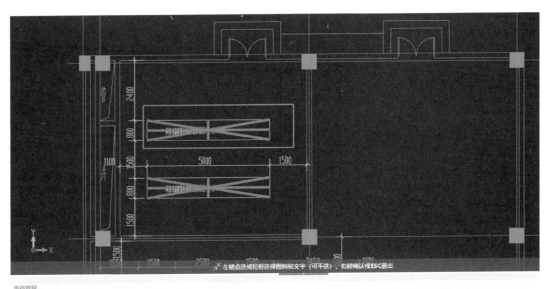

图 3-32 表格算量出量的方法

编者有话说

安装工程 BIM 软件算量，不同于安装工程手工算量，其计算速度更加高效，汇总出表更加快捷，工程量显示二、三维联动更加直观，这就是科技进步给造价工作带来的巨大改变。作为造价人员，应该主动接受新技术、运用新技术、用好新技术，使得造价工作的质量和效率得到不断提升。

3.5 照明灯具工程量计算

【知识要求】

掌握照明灯具 GQI 软件计量的步骤和方法。

【技能要求】

能够依据图纸使用 GQI 软件计算照明灯具的工程量。

【素养要求】

培养精益求精的工匠精神。

1-5

电气"照明灯具工程量计算（识别）"演示

3.5.1　图纸分析

打开 CAD 图纸，查看图纸目录和设计说明及材料表。在设计说明中识读工程概况、管线材质、敷设方式、安装方式，以及各种照明及灯具等的名称、型号、规格及安装高度等信息，如图 3-33～图 3-35 所示。

6 照明系统
6.1 光源：以节能系列为主，照度计算及功率密度值按照最新节能标准及照明设计相关规范完成。
6.2 照度要求：按有关规范标准进行设计。地下车库75Lx；设备200Lx；办公室300Lx。
6.3 照明、插座分别由不同的支路供电，普通照明当采用 1 头灯具及安装高度低于2.4m时，底做均采用后带PE线，应急灯具需接地线，插座为单相三线，插座回路均装漏电电流断路器保护，开关、插座潮湿或室外场合需用防水型。
6.4 在楼梯间及其前室、消防电梯间及其前室、主要出入口等场所设置疏散照明。出口标志灯、疏散指示灯、疏散楼梯、走道应急照明灯，部分灯具设置自带电源应急照明灯具，持续供电时间不小于30min；设备机房受配电房等备用照明灯具应急时间不小于180min。
6.5 除注明外，设备机房配电室灯具吊链(杆)式安装，装(杆)导体长度应合理配置照明灯具，其它有吊顶的场所，选用嵌入式灯具；厂区等室外采用灯罩及防溅开关，车库灯具采取吸顶安装。荧光灯采用节能型(T5)灯管，高功率因数电子镇流器。灯具与空调设备、水管、桥架等管道相作相互避让。

7 设备表排及安装：
7 设备表排及安装：
7.1 变压器采用干式变压器，设置制冷系统及温度监测及显警装置，保护罩由厂家配套供货。
7.2 低压配电柜按抽屉式设计，落地式安装，电缆由下出线引电缆沟内走。
7.3 各应照明电箱、隐蔽在吊层、竖井、变配电间、防水分区隔墙上明装外，其他均为暗装，墙上明装，应急照明、消防控制箱、双切箱按按照壁挂，应相同壁标、动力、插座、控制箱等按照安装高度方尺详见现场地详图。
7.4 电缆敷设：均为槽盒或桥架内敷设，电缆隔离水平安装，支架间不大于2.5m，非上安装，支架或固定间不大于2m。桥架及尺寸仅供参考，施工，应连接与其专业协调配合，安装方式详见国家图集，电缆明装详见桥架内安装，桥架应按做处理，桥架分段或增设弯头体必跨不小于6点方米水接纳地地线。
7.5 电缆明装应做防腐、防水分区，支架间柱材尔应在安装水平，增加材料焊接。
7.6 水泵、风机及设备承出线口与本专业配合，以设备说明图为准。

8 电缆、导线标准选型及敷设
8.1 高压进线电缆采用YJV22-10kv，电力电缆，内燃内电缆采用YJV-10kv。
8.2 低压消防负荷干线电缆采用NH-YJV-1Kv，电力电缆；其他重要负荷采用ZR-YJV-1Kv电缆，普通负荷采用YJV-1Kv电缆。暗敷布线说法注为：(1)在桥架上题设，普通电缆与消防，应急照明电源回路应采用桥架内敷设。
(2)不敷设在桥架上，应穿管敷设。

图 3-33　照明系统图纸识读　　　　　　**图 3-34　管线材质、敷设方式、安装方式识读**

2	▬	照明配电箱	PZ30系列照明箱	台	详图	详系统图
3	▬	动力总柜	非标箱厂家定制	台	详图	详系统图
4	⊗	吸顶灯	YH32RN (三基色)	盏	详图	吸顶安装
5	⊙	吸顶灯	YH32RN (三基色)带电源模块	盏	详图	吸顶安装
6	⊙t	吸顶灯	YH32RN (三基色)带自延时开关	盏	详图	吸顶安装
7	▭	双管简端节能荧光灯	TL5 HE28W/830	盏	详图	设备房采用应急型,应急时间不小于180min
8	▽	安全型插座	两三级组合 250V/10A	盏	详图	距地 0.3 米安装
9	▽	防水安全型插座	两三级组合 250V/10A	盏	详图	距地 1.5 米安装
10	⌀	风机盘管开关	设备配套	盏	详图	距地 1.3 米安装
11	⚟	双控开关	双控开关 250V/10A	个	详图	接线方式详见系统图, 1.3 米安装
12	⚟	单联开关	单联开关 250V/10A	个	详图	距地 1.3 米安装
13	⚟	双联开关	双联开关 250V/10A	个	详图	距地 1.3 米安装
14	⚟	三联开关	三联开关 250V/10A	个	详图	距地 1.3 米安装
15	⚟	四联开关	四联开关 250V/10A	个	详图	距地 1.3 米安装
16	⚟	防水开关	防水开关 250V/10A	个	详图	潮湿环境距地 1.3 米安装
17	⊠	换气扇	详暖通专业	台	详图	
18	Ⓜ	交流电动机	详相关专业	台	详图	
19	⊖70°C	70 废防火阀	详暖通专业	台	详图	

图 3-35　照明及灯具图例识读

3.5.2　照明灯具构件定义

1. 方法一：构件列表

单击"建模"—"构件列表"—"新建"，建立一个照明灯具构件，在下方属性栏中依据图纸定义构件属性，如图 3-36 所示。

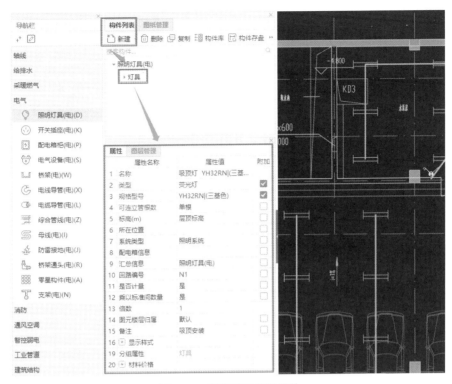

图 3-36 新建照明灯具构件

2. 方法二：材料表法

单击模块导航栏"电气"—"照明灯具"，将光标放在"照明灯具"构件类型处。先将图纸切换到模型当中，然后在图纸上找到材料表。在软件中找到材料表的功能，单击，然后在图纸上对材料表拉框选择，进行材料表的识别，如图 3-37 所示。软件弹出"识别材料表—请选择对应列"对话框，如图 3-38 所示。

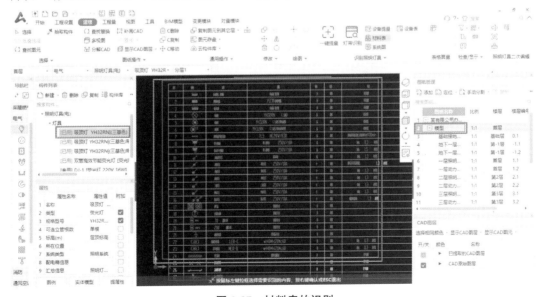

图 3-37 材料表的识别

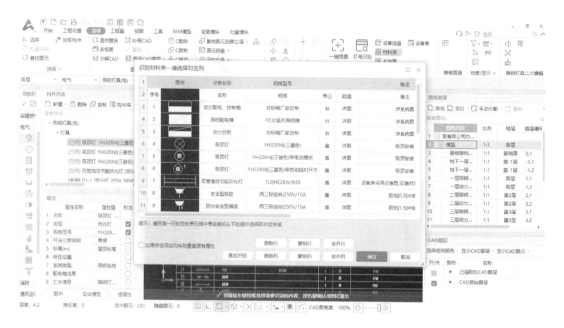

图 3-38　"识别材料表—请选择对应列"对话框

注意：

（1）不对配电箱进行识别。

（2）及时修改图例、设备名称、规格型号及标高等信息。

（3）将多余构件删除，如图 3-39 所示。

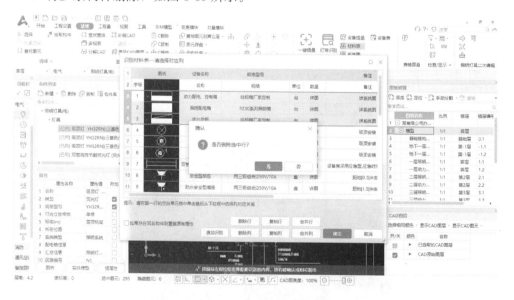

图 3-39　删除多余构件

（4）按照图纸中图例说明信息来修改设备信息（注意单立管、多立管、设备名称、安装高度等），如图 3-40 所示。

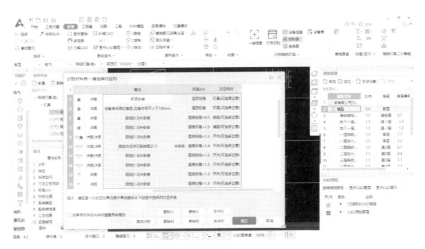

图 3-40 修改设备信息

3.5.3 照明灯具识别

切换到某一层图纸，单击"设备提量"，单击图中要识别的图例，就可以生成设备的工程量。如图 3-41 所示，生成双管高效节能荧光灯 63 个。

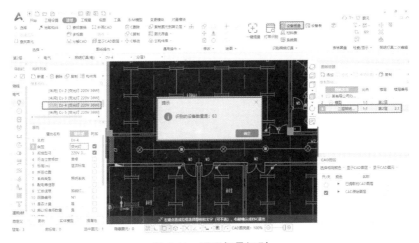

图 3-41 照明灯具识别

注意：

（1）先标识后图例，先复杂后简单。

（2）不可批量选择。

建筑物中照明灯具种类多，开关、插座型号多，在计算的过程中往往容易漏算、错算。这就要求工程造价专业人员要更加细心，每一张图纸、每一个符号、每一次量算都要精确、严谨。

3.6　电缆桥架工程量计算

1-6

电气"电缆桥架工程量计算（识别）"演示

【知识要求】

掌握电缆桥架 GQI 软件算量的步骤和方法。

【技能要求】

能够依据图纸使用 GQI 软件识别桥架构件，准确计算桥架工程量。

【素养要求】

培养独立思考的能力。

3.6.1　图纸分析

从"地下一层动力平面图"中可见，该工程桥架分为两种类型。一种为梯式桥架，规格 600mm×600mm，位于⑧⑨轴和 C 轴交界的位置；另外一种为槽式桥架，规格 300mm×100mm，连接 KD1、KD2 和 KD3。桥架的位置与标识如图 3-42 所示。

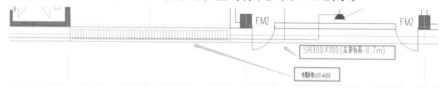

图 3-42　桥架的位置与标识

GQI 软件中提供了识别桥架和手动绘制两种建模方式。识别桥架功能可以智能反建构件，并生成模型。对于量少的桥架，可以采用手动绘制的方法建模。

3.6.2　桥架构件定义

本项目中桥架工程量较少，可以采用直线绘制方式。先根据图纸参数定义桥架构件的属性，桥架构件的定义和属性设置如图 3-43。

3.6.3　桥架识别

桥架构件定义后，即可用"直线"命令沿着 CAD 底图桥架的中心线绘制桥架，绘制完成后桥架效果如图 3-44 所示。

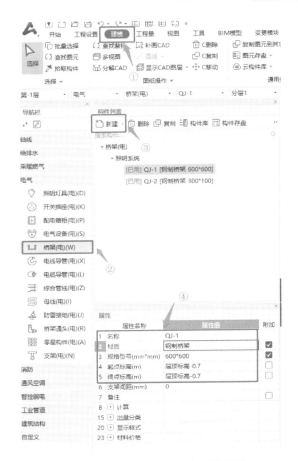

图 3-43 桥架构件的定义和属性设置

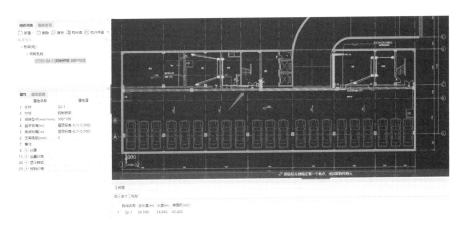

图 3-44 电缆桥架绘制效果

 编者有话说

　　在进行软件算量时，要根据构件的多少、复杂程度选择不同的建模方式。方法对了，事半功倍。因此，我们在工作中要善于思考，总结经验。

3.7 电缆及电缆保护管工程量计算

【知识要求】

掌握电缆及电缆保护管 GQI 软件算量的方法，掌握桥架配线的方法。

【技能要求】

能够依据图纸使用 GQI 软件绘制电缆导管构件并进行配线。

【素养要求】

具备从事工程造价工作的事业心和责任感。

1-7

电气"电缆及
电缆保护管工
程量计算
（识别）"演示

3.7.1　图纸分析

1. 由"电气系统图（强电）"中读取总进线箱 ZAL 引出的配线信息（图 3-45），读取总进线箱 ZAL 至分层配电箱 BAL、1AL～7AL 和 DAL 电缆型号、电缆保护管材质、规格和敷设方式。

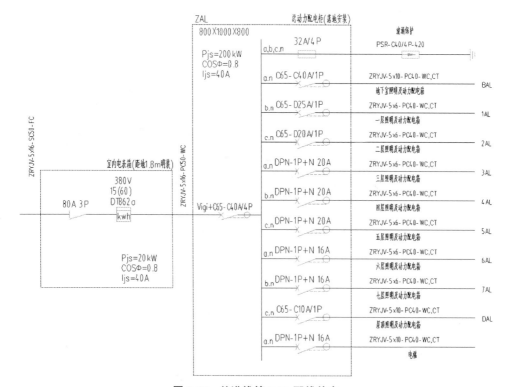

图 3-45　总进线箱 ZAL 配线信息

2. 由"地下一层动力平面图""一层动力平面图""二层动力平面图""三层动力平面图""四～六层动力平面图"和"七层动力平面图",分别读取分层配电箱 BAL、1AL～7AL 和 DAL 的位置,例如分层配电箱 BAL 位置如图 3-46 所示。

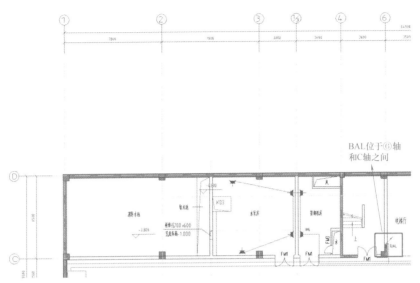

图 3-46 分层配电箱 BAL 位置

3. 由总进线箱 ZAL 引出的电缆设置 PC40 保护管,沿顶棚敷设进入桥架,桥架内的电缆不设保护管。出桥架后,设置 PC40 保护管进入⑥轴墙体内,沿墙体进入各层分配电箱。

3.7.2 电缆导管构件定义

依据图 3-45 中总进线箱 ZAL 配线信息定义构件,电缆导管构件的定义和属性设置如图 3-47 所示。

3.7.3 电缆导管识别

电缆保护管的绘制步骤如图 3-48 所示。第一步选择需要的电缆导管构件;第二步单击"直线"命令;第三步单击电缆及电缆保护管的起始点配电箱;第四步单击终点桥架。鼠标右键结束命令,GQI 软件会自动将电缆导管与配电箱、桥架连接,绘制完成效果如图 3-49 所示。

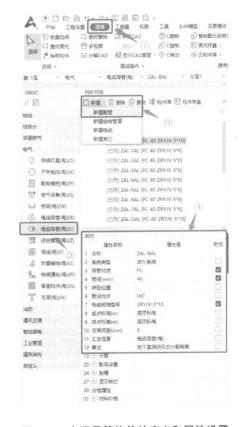

图 3-47 电缆导管构件的定义和属性设置

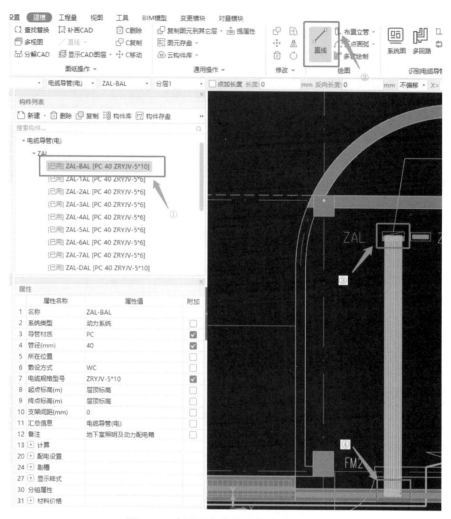

图 3-48　电缆及电缆保护管的绘制步骤

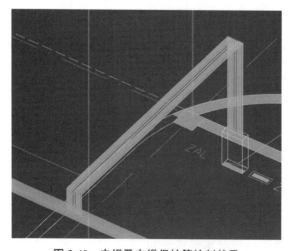

图 3-49　电缆及电缆保护管绘制效果

3.7.4 桥架配线

在"建模"页签下单击"识别桥架内线缆"命令，选择"桥架配线"，如图 3-50 所示。单击需要配线的桥架，此时需要桥架配线的联通桥架体系呈现亮绿色显示，如图 3-51 所示。选择完毕后单击鼠标右键，弹出"选择配线"对话框，勾选配线类型（图 3-52），然后单击"确定"按钮。软件自动在选择的桥架内进行电缆的配置，同时自动生成电缆构件，如图 3-53 所示。

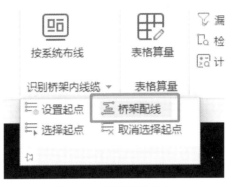

图 3-50 桥架配线命令

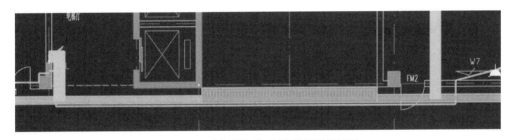

图 3-51 联通桥架体系呈现亮绿色显示

图 3-52 "选择配线"对话框

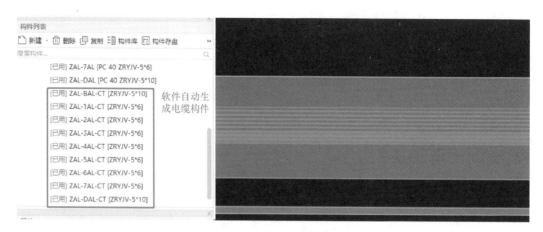

图 3-53　桥架配线完成效果

工程造价工作枯燥、繁琐，工作量大、时间紧、相对集中，因此要求工程造价人员不仅要有科学的工作方法，还要有强烈的事业心和责任感。

3.8　电线及电线保护管工程量计算

1-8

电气"电线及电线保护管工程量计算（识别）"演示

【知识要求】

掌握电线导管 GQI 软件算量的步骤和方法。

【技能要求】

能够依据图纸使用 GQI 软件计算电线及电线保护管工程量。

【素养要求】

培养精益求精的工匠精神。

3.8.1　图纸分析

识读照明和插座配管、配线施工图需要将平面图和系统对照来看。首先由"电气系统图（强电）"中读取各分层配电箱引出的配线信息，例如 BAL 分配电箱配线信息如图 3-54 所示。从系统图中可以看出，插座配管配线沿墙面和地面敷设，灯具和开关配管配线沿墙面和顶棚敷设。然后在"××层照明平面图"和"××层动力平面图"中找到与分层配电箱对应的回路。

3.8.2 电线导管构件定义

依据图 3-54 中分层配电箱 BAL 配线信息定义构件，W1～W10 电线导管构件的定义和属性设置如图 3-55 所示。

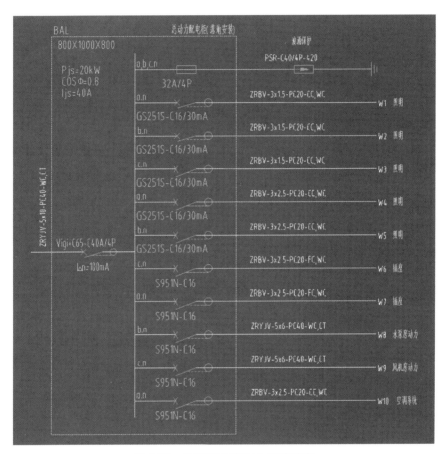

图 3-54 分层配电箱 BAL 配线信息

3.8.3 电线导管识别

以"地下一层动力平面图"分层配电箱 BAL 中 W6 回路为例，建立 W6 回路电线和电线保护管模型。

电线及电线保护管的绘制步骤如图 3-56 所示。第一步选择电线导管构件 BAL-W6；第二步单击"直线"命令；第三步设置构件属性，将起点标高和终点标高设置为层底标高；第四步开始绘制，单击起始点 BAL 配电箱，然后按照 CAD 底图和图 3-56 所示的绘制顺序进行绘制。鼠标右键结束命令，软件会自动将电线导管与配电箱和插座连接，绘制完成效果如图 3-57 所示。

图 3-55　电线导管构件的定义和属性设置

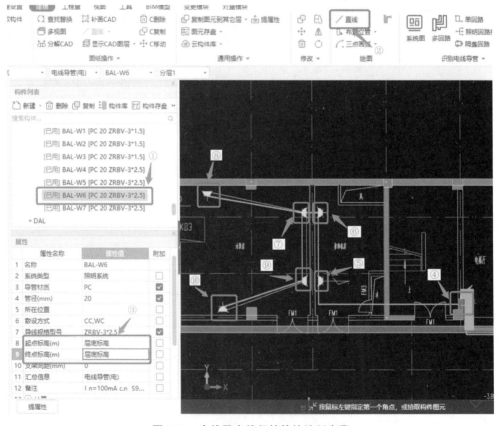

图 3-56　电线及电线保护管的绘制步骤

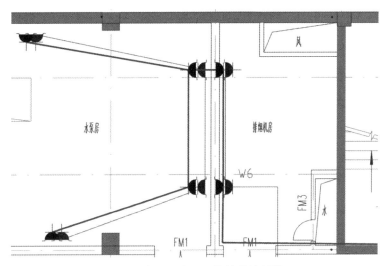

图 3-57 电线及电线保护管的绘制效果

　　虽然软件算量给我们的造价工作带来了极大的便利，但是软件需要人来设定和操作，一定要注意使用过程中严谨、细心，切忌粗心大意。例如，在电气算量时，使用"一键绘制""一键识别"等功能时，需要与"检查回路""图元合理性检查"等功能配合使用。

3.9 防雷接地工程量计算

【知识要求】

　　掌握防雷系统、接地系统 GQI 软件算量的步骤和方法。

【技能要求】

　　能够依据图纸使用 GQI 软件计算防雷系统、接地系统工程量。

【素养要求】

　　培养良好的沟通能力。

3.9.1 图纸分析

　　防雷系统图纸包含避雷针、避雷网、支架、避雷引下线等的绘制。

通过查阅某办公楼电气施工图中防雷接地图纸，确认本项目引下线为利用柱内钢筋引下，接地系统是利用基础圈梁及基础接地。

3.9.2　防雷接地构件定义

在"电气"专业"防雷接地"模块下，单击左侧导航栏，进入"防雷接地"构件，单击构件列表"新建"按钮，弹出窗体，内容有：避雷针、避雷网、支架、避雷引下线、均压环、接地母线、接地极、接地测试箱、筏板基础接地、等电位端子箱、接地跨接线构件，选择对应避雷针或避雷网构件进行新建。防雷接地构件定义步骤如图 3-58 所示。

图 3-58　防雷接地构件定义步骤

依据施工图完成防雷基地构件的新建和属性定义，如图 3-59 所示。

3.9.3　防雷接地构件识别与绘制

1. 避雷针的识别绘制功能有："点""设备提量"（与识别绘制区的对应功能操作方法一致）。

2. 避雷网的识别绘制功能有："直线""回路识别""布置立管"（与识别绘制区的对应功能操作方法一致）。

3. 避雷网支架的识别绘制功能有："点""设备提量"（与识别绘制区的对应功能操作方法一致）。

4. 避雷引下线的识别绘制功能有："布置立管""引下线识别"（与识别绘制区的对应功能操作方法一致）。

"引下线识别"操作如下：

第一步：触发功能按钮，在绘图区选择代表避雷引下线的图例，如图 3-60 所示。

电气"引下线工程量计算（识别）"演示

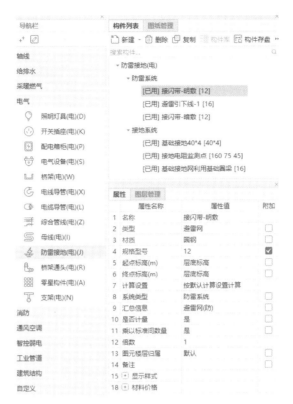

图 3-59 防雷接地构件及属性

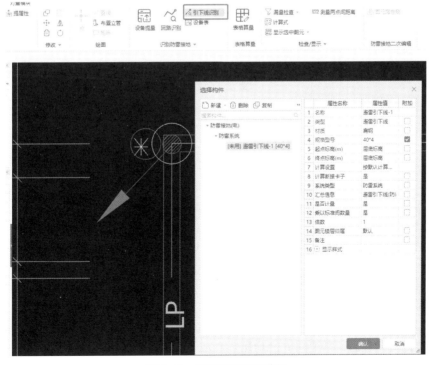

图 3-60 引下线图例的选择

第二步：右键确定，弹出属性对话框，根据图纸内容编辑属性并确认，如图 3-61 所示。

图 3-61 引下线构件属性编辑

第三步：输入避雷引下线的标高，如图 3-62 所示。

第四步：确定后在绘图区与该避雷引下线图例一致的图例位置处生成避雷引下线，如图 3-63 所示。

图 3-62 引下线标高的设置

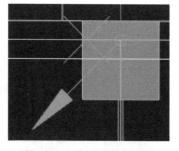

图 3-63 引下线完成效果

5. 接地母线的识别绘制功能有："直线""布置立管""回路识别"（与识别绘制区的对应功能操作方法一致），如图 3-64 所示。

6. 接地极的识别绘制功能为"点"绘（与识别绘制区的对应功能操作方法一致）。

7. 基础接地网的识别绘制功能有："直线""矩形"（与识别绘制区的对应功能操作方法一致），如图 3-65 所示。

建立接地网构件时，需要建立"均压环"或"接地母线"构件，修改构件名称为"接地网"，若新建"筏形基础接地"构件，此构件计量单位是 m^2，不符合计算规则。

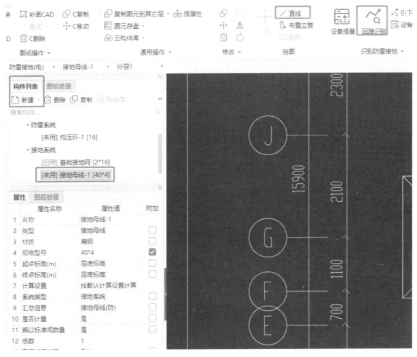

图 3-64 接地母线的识别与绘制功能

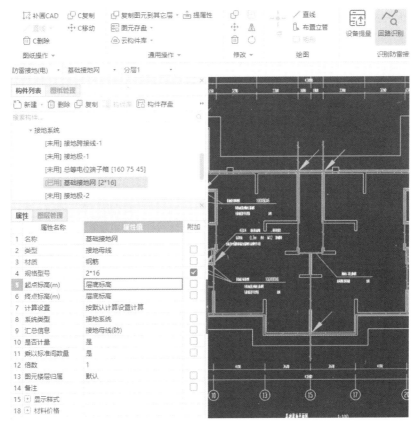

图 3-65 基础接地网的识别与绘制功能

8. 等电位端子箱的识别与绘制功能有："点""设备提量"（与识别绘制区的对应功能操作方法一致），如图 3-66 所示。

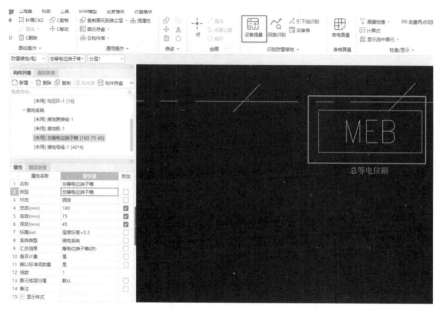

图 3-66　等电位端子箱的识别与绘制功能

9. 均压环一般在电气图纸上不显示，需要根据结构专业图纸进行计算，需要进行结构图纸的添加和分割操作。添加完毕结构图纸后，可以新建"均压环"构件，执行"直线"命令，沿建筑物圈梁进行手动绘制，如图 3-67 所示。

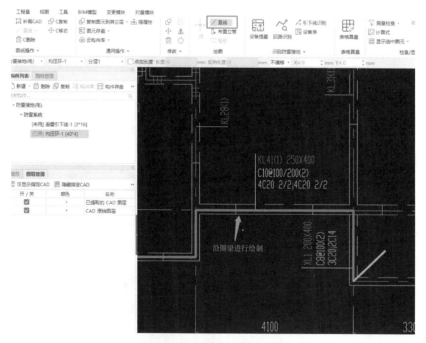

图 3-67　沿圈梁绘制的均压环

说明：在防雷接地构件下，使用识别模块中的防雷接地，软件会自动反建所有构件类型。

（1）防雷系统：注意引下线识别时引下线的上下标高，上标高为层顶标高＋女儿墙高度，下标高为层底标高＋断接卡子高度；引下线需要注意是利用柱内钢筋还是墙体外敷设。

（2）接地系统：注意接地方式的选择，是自然接地极还是利用基础钢筋网。

作为一名工程造价专业技术人员需要与业务有关的各方面人员沟通、协作，共同完成对项目目标的控制或管理。所以，良好的沟通能力是工程造价专业技术人员不可或缺的能力。

3.10 零星构件工程量计算

【知识要求】

掌握电气系统零星构件 GQI 软件算量的步骤和方法。

【技能要求】

能够依据图纸使用 GQI 软件计算穿刺线夹、接线盒和套管的工程量。

【素养要求】

培养良好的职业道德。

零星构件主要用于"穿刺线夹""接线盒"和"套管"三种构件的工程量计算，在满足计算条件的情况下，单击对应构件的按钮，软件会根据已识别的电缆、开关插座灯具及墙体结构自动生成对应的构件。若有特殊情况无法自动识别出构件时，也可设置好构件属性后，使用"点"功能进行手动绘制。

在本图纸电气工程中，主要的零星构件为"接线盒"和"套管"。

首先选择需要生成零星构件的按钮，如图 3-68 所示。其次在弹出的对话框里进行属性特征的描述，如图 3-69 所示。最后根据需要，在弹出的"生成接线盒"对话框中勾选需要生成的图元即可，如图 3-70 所示。

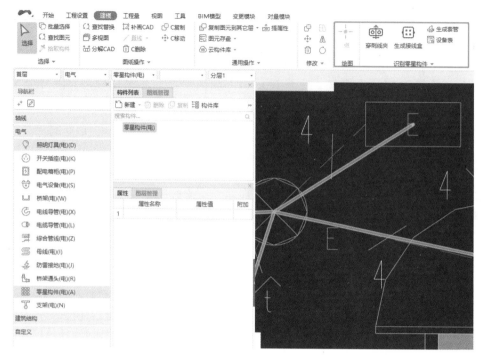

图 3-68　零星构件命令的选择

图 3-69　零星构件属性的描述

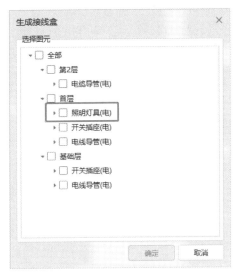

图 3-70 勾选生成图元

工程造价专业技术人员在工作中维护的是公共利益，并且他们的工作直接涉及业主和承包商的经济利益，所以造价工程师具备良好的职业道德和品行是极其重要的。

3.11 电气工程量汇总和报表预览

电气"工程量汇总和报表预览"演示

【知识要求】

掌握 GQI 软件算量工程量汇总计算和报表预览的方法。

【技能要求】

能够在 GQI 软件中汇总计算工程量并查看工程量报表。

【素养要求】

培养保守工程项目商业秘密的职业道德。

3.11.1 汇总计算

在本图纸专业模型建好后，可以进行工程量汇总。如果有变更的工程量，汇总计算时可单独汇总变更工程量。

在电气工程量界面，选择菜单栏"工程量"页签，进入工程量计算界面，单击工具栏的"汇总计算"按钮，如图 3-71 所示。弹出汇总计算窗口，根据计算需要选择要计算的楼层，根据查看工程量的需要分别或全部勾选楼层，进行计算，如图 3-72 所示。计算完毕后会弹出"工程量计算完成"对话框，单击右下角"关闭"按钮，关闭此对话框即可。

图 3-71　汇总计算

图 3-72　汇总计算楼层的选择

3.11.2　报表预览

工程量汇总计算后才可以进行报表查看，报表预览时双击"工程量"可反查到相关图元查看工程量明细。但是，变更的工程量不支持此功能。

具体操作步骤为：在工程量界面选择菜单栏"查看报表"页签，会在屏幕中央区域生成报表窗口（图 3-73），可在此窗口中查看汇总计算的工程量。

报表内共有三个区域，左侧部分为导航栏，负责对汇总的工程量进行分类；中间区域显示分类后的工程量明细；右侧区域则提供了数据反查功能，可以双击右侧区域对应的项目工程量，进行工程量反查。

工程项目的商业秘密和技术资料对于项目的竞争力和保密性至关重要，造价工程师应当具备保密意识，妥善保管相关资料，防止资料泄露和不当使用。

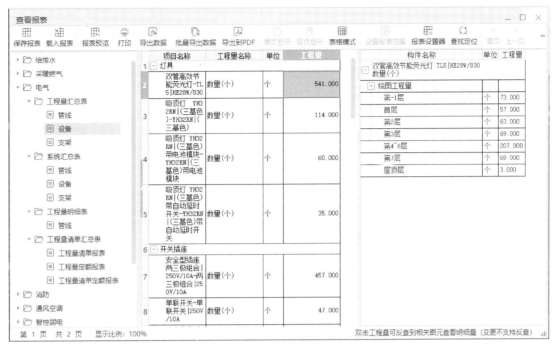

图 3-73　查看报表窗口

课后习题

一、单项选择题

1. 在软件的楼层设置中，如何插入地下楼层呢？（　　）

A. 鼠标放在首层位置，单击插入楼层

B. 直接单击插入地下楼层

C. 鼠标放在基础层位置，单击插入楼层

D. 软件无法插入地下楼层

2. 导入图纸之后如何修改图纸比例？（　　）

A. 设置比例　　　B. 比例设置　　　C. 调整比例　　　D. 比例调整

3. 动力系统中用（　　）可以快速完成构件的新建。

A. 自动识别　　　B. 系统图　　　C. 构件库　　　　D. 图例

4. 报表预览时（　　）可反查到相关图元查看工程量明细。

A. 双击工程量　　　　　　　　　B. 单击工程量

C. 双击构件名称　　　　　　　　D. 单击构件名称

5. 构件图元显示设置的快捷键是（　　）。

A. F9　　　　　B. F10　　　　　C. F11　　　　　D. F12

6. 动力系统中竖向桥架的布置可以通过（　　）完成。

A. 布置立管　　　B. 系统图　　　C. 选择识别　　　D. 识别桥架

7. 动力系统通过桥架都连接上后，通过（　　）查看到某一个配电箱的连接回路。

A. 计算式　　　　　　　　B. 检查线缆计算路径

C. 显示线缆　　　　　　　D. 回路

二、判断题

1. 进行报表查看时无需工程量汇总计算。（　　　）

2. 汇总计算时可以单独汇总变更工程量。（　　　）

3. 在生成构件信息时，需要将多余的构件从列表中删除。（　　　）

4. 在引下线识别时，生成立管时无需编辑起始点标高。（　　　）

▶▶ 第4章 给水排水工程计量

内容提要

本章主要讲述给水排水工程识图要点、GQI2021给水排水工程模块的工程量计量的方法、操作步骤及相关注意事项。

思维导图

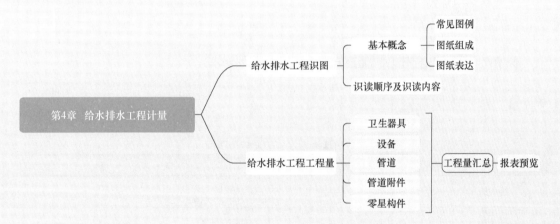

4.1 给水排水基本概念及识图基础

【知识要求】

掌握建筑给水排水工程基本概念及识图基础。

【技能要求】

掌握建筑给水排水工程施工图识读。

【素养要求】

具有敬业精神和责任心，能遵守职业道德规范的要求。

4.1.1　基本图例符号

室内给水排水施工图常用图例　　　　　表 4-1

名称	图例	名称	图例
给水管	—— J ——	雨水管	— — — Y — —
排水管	— — — P ——	空调凝结水管	——KN——
污水管	— — —W—	压力废水管	——YF
废水管	— — — F ——	坡向	→
消火栓给水管	—— X ——	排水明沟	坡向 →
自动喷水灭火给水管	—— ZP ——	排水暗沟	坡向 →
热水给水管	—— RJ ——	清扫口	⬭　T
热水回水管	—— RH ——	电磁阀	
冷却循环给水管	—— XJ ——	止回阀	
冷却循环回水管	—— XH ——	消声止回阀	
冲箱水给水管	—— CJ ——	自动排气阀	⊙
冲箱水回水管	—— CH ——	电动阀	
蒸汽管	—— Z ——	湿式报警阀	

续表

名称	图例	名称	图例
法兰止回阀		蹲式大便器	
消防报警阀		坐式大便器	
浮球阀		坐式大便器	
水龙头		小便槽	HC
延时自闭冲洗阀		隔油池	YC
泵		水封井	
离心水泵		阀门井　检查井	
管道泵		水表井	
潜水泵		雨水口(单算)	
洗脸盆		流量计	
立式洗脸盆		温度计	
浴盆		水流指示器	Ⓛ
化验盆　洗涤盆		压力表	
盥洗槽		水表	
拖布池		除垢器	
立式小便器		疏水器	
挂式小便器		Y型过滤器	

4.1.2　室内给水排水施工图简介

1. 给水排水施工图的组成及内容

室内给水排水施工图通常由施工及设计说明、施工平面图（总平面图、首层平面图、标准层平面图、顶层平面图）、给水系统图和排水系统图、大样图或详图及标准图组成。

（1）施工及设计说明主要包括工程概况、所用材料品种及要求、工程做法、卫生器具种类和型号等内容。

① 工程概况：主要说明建筑面积、层高、楼层分布情况、给水排水系统划分、用水量设计、水源进出方式和水箱设置情况等。

② 管材与附件：主要说明给水、排水及消防系统所采用的管材、附件和连接方式，给水管材出厂压力要求，试验压力和工作压力之间的倍数关系等。

③ 管道防腐、绝热：主要说明给水管和排水管的刷漆要求，暗设和埋地管道的防腐要求，热回水管、外露给水管的保温、防冻材料及做法要求。

④ 管道敷设：主要说明管道穿楼板、水池壁和地下室外墙等预埋套管要求，各种管道安装坡度要求，管道防火封堵要求，排水横管之间、横管与主管之间、主管与排出管之间管件连接要求以及施工质量和验收标准等。

⑤ 管道支吊架：主要说明各种管道设备支吊架安装要求，支吊架安装距离，支吊架刷漆防腐。

⑥ 阀门：主要说明各种给水管道上所采用的阀门类型及连接方式。

⑦ 其他：所采用的标准图集号、主要设备和材料列表。

（2）施工平面图表明了各种用水设备平面位置、管道的平面布置和立管位置与编号，在底层平面图中还应包括给水引入管和排水排出管的位置、水表节点等内容。室内给水排水平面图是施工图的主要部分，常用比例为 1∶50～1∶100，图上的线条都是示意性的，同时管子接头零件、支吊架的位置等无法画出。施工时，应充分熟悉和掌握施工工艺，并严格按照国家有关的施工质量和验收标准去执行。平面图上将不同功能作用的管道、附件、卫生洁具、用水设备等用各种图例表示出来，其主要内容为：

① 轴线及编号，门、窗位置，房间尺寸及地面标高。

② 给水排水主管位置及编号，横支管平面位置、走向、坡度、管径及管长等。

③ 给水进户管、水表井、排水排出管、积沙井的平面位置及走向，与室外给水排水管网的连接关系。

④ 卫生洁具及用水设备的定位尺寸及朝向。

给水排水管道及各种卫生洁具、用水设备（电热水器等）可绘制在一张平面图上。如系统较多，功能复杂，应分别绘制各种系统的平面图。图纸多少以能清楚表达设计意图又能减少图纸数量为宜。

（3）系统图也称透视图，它是管道系统的轴测投影图。

管道系统图上应表明它的位置及相互关系、管径、坡度及坡向、标高等。给水系统上应注明水表、阀门、消火栓、水嘴等。排水系统上注明地漏、清扫口、检查口、存水弯、排气帽等附件位置。主管、进出户管子的编号应与平面图相对应。

在平面图或系统图上表示不清，也不能用文字说明时，可将局部部位构造放大比例绘成施工详图，如阀门井、设备基础、集水坑、水泵房等安装图。而大多数设备和卫生洁具的安装可套用通用标准图集，选用标准图集时注明图号即可。

（4）通过以上图纸和说明还无法表达清楚的管道节点构造、卫生器具和设备的安装图等需要用大样图或详图及标准图来表示。

2. 给水排水施工图的表示

（1）管道在系统图上的表示：室内管道系统图主要是反映管道在室内空间的走向和标高位置。

（2）管道标高的表示：管道的标高符号一般标注在管道的起点或终点，标高的数字对于给水管道、供暖管道是指管道中心处的位置相对于 ±0.000 的高度；对于排水管道通常是指管子内底的相对标高。标高的单位是 m。

（3）管道坡度的表示：管道的坡度符号可标注在管子的上方或下方，其箭头所指的一端是管子较低一端，一般表示为 $i=\times\times\times$。如 $i=0.005$，表明管道的坡度为 5‰。

（4）管道规格的表示：管道规格表示与管材有关，一般用公称直径标注，符号为 DN；无缝钢管用外径×壁厚表示，如：$\phi25\times3$，表示外径为 25mm，壁厚为 3mm 的管材；一段管子的直径一般标注在该段管子的两端，而中间不再标注，确定管道直径时注意变径位置，如图 4-1 所示变径位置是管件三通处。

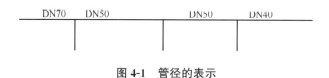

图 4-1 管径的表示

4.1.3 给水排水施工图的识读

识读给水排水施工图时，应首先查看设计及施工说明，明确设计要求，然后将给水和排水分开阅读，把平面图和系统图对照起来看，最后阅读详图和标准图。

1. 给水排水施工平面图识读

给水排水施工平面图是给水排水施工图纸中最基本和最重要的图，它主要表明给水排水管道和卫生器具等的平面布置。识读此图时应注意明确以下内容：

（1）明确卫生器具和用水设备的类型、数量、安装位置和接管方式。

（2）明确给水引入管和污水排出管的平面走向、位置。

（3）明确给水排水干管、立管、横管和支管的平面位置与走向。

（4）明确水表、阀门、水嘴和卫生器具等的型号、安装方式。

2. 给水排水施工系统图的识读

给水排水管道系统图主要表示管道系统的空间走向。

在给水系统图上，一般不画出卫生器具，只用图例符号画出水龙头、淋浴器喷头、冲洗水箱等。

在排水系统图上，也不画出主要卫生器具，只画出卫生器具下的存水弯或排水支管。

识读给水排水施工系统图时要重点掌握以下内容：

（1）明确各部分给水管道的空间走向、标高、管道直径及其变化情况，阀门的设置位置、规格和数量。

（2）明确各部分排水管道的空间走向、管路分支情况、管道直径及其变化情况，弄清横管的坡度、管道各部分的标高、存水弯的形式、清通设施的设置情况。

（3）给水排水施工详图的识读

给水排水工程施工详图主要有水表节点图、卫生器具安装图、管道支架安装图等。有的详图选用标准图和通用图时，还需查阅相应标准图集和通用图集。

识读详图时重点掌握其所包括的设备、各部分的起止范围。

4.2 卫生器具工程量计算

2-1

给水排水"卫
生器具工程量
计算（识别）"
演示

【知识要求】

掌握"卫生器具"计算规则。

【技能要求】

能够应用造价软件对"卫生器具"进行建模。

【素养要求】

具有科学严谨、细心、精益求精的职业态度。

4.2.1　卫生器具的定义

在左侧构件类型切换栏中，单击"卫生器具（水）（W）"，再单击右侧构件新建及编辑栏上部的"新建"按钮，在展开的功能按钮中单击"卫生器具（水）"进行卫生器具构件的新建（图 4-2）。

图 4-2　新建卫生器具

在右侧构件新建及编辑栏内，"卫生器具"下方新出现一个名为"［未用］WSQJ-1［台式洗脸盆］"的构件，并在下方"属性"界面中出现了新的内容，如图 4-3 所示。参照"属性"界面的信息，不难看出构件名称中，"WSQJ-1"对应的是"属性"界面中"名称"这一栏信息，而"台式洗脸盆"对应的是"类型"这一栏信息。同时，在"属性"界面表格的最右侧为带"□"的一列，通过在"□"打"√"，能够将对应的那一行信息栏中的内容显示在构件新建及编辑栏中对应的构件名称位置上。

此外，在"类型"这一行信息栏中，可以通过右侧下拉列表框选项，选择对应卫生器具类型，如图 4-4 所示。

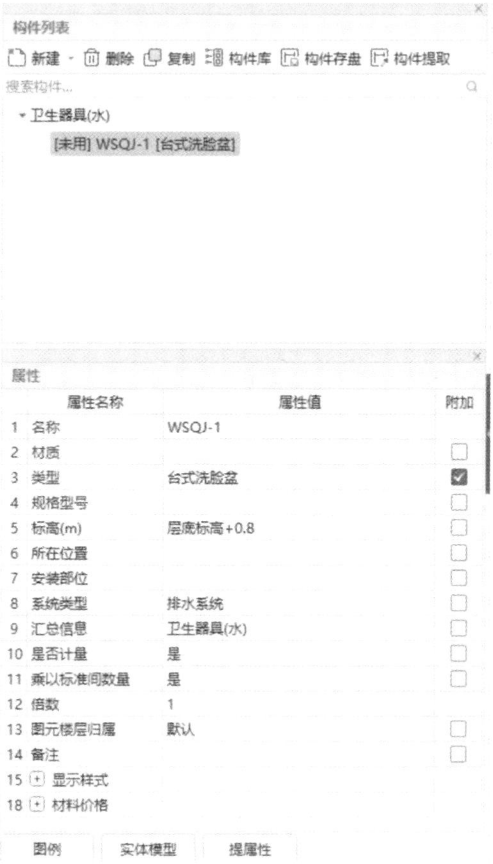

图 4-3　新建台式洗脸盆

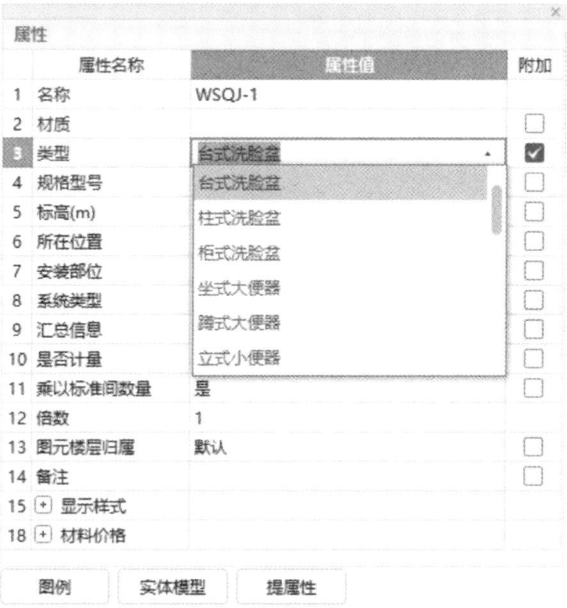

图 4-4　选择卫生器具类型

　　卫生器具在安装时，需要与土建施工配合，预留孔洞，以便安装接管，且在后续的管路安装时，应考虑卫生器具的安装高度，用于接管的下料和安装。不同的卫生器具除了图例不一样之外，根据设计单位采用不同设计图集，其安装高度也不尽相同。在计算工程量时，需要加以区分。

　　软件也将该标准的内容录入其中。在"类型"信息栏中，选择不同的卫生器具，其对应的标高也将发生变化，如图 4-5 所示。而在系统图例下方的黑色区域中，显示的是该卫生器具的图例符号。

　　通过下拉列表框选项将类型选择为"地漏"。此外，由于给水排水工程中卫生器具的类型具有唯一性的特点，也为方便构件的管理，将"名称"栏中默认的内容"WSQJ-1"删掉，按照卫生器具类型中的内容输入"地漏"即可，如图 4-6 所示。

　　其他内容，如材质、规格型号等，图纸中并无交代，可以忽略，不需要进行任何信息的输入。

图 4-5　卫生器具的标高

图 4-6　新建地漏

4.2.2　卫生器具的识别

　　单击软件界面上方"建模"—"设备提量"，激活该功能。按照状态栏的文字提示，用鼠标左键单击或者框选"台式洗脸盆"图例，选中后，图例符号变成蓝色，如图 4-7 所示。

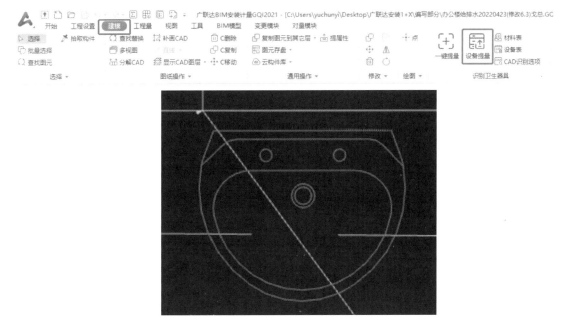

图 4-7　建模—设备提量

单击右键，弹出对话框，如图 4-8 所示。

图 4-8　"卫生器具"对话框

找好对应的构件名称，利用鼠标左键双击名称位置，就可以形成 CAD 图例符号与构件之间的关联，完成构件的识别。

之后会弹出一个对话框，单击识别范围，拉框选择识别范围，提示识别的数量，表示识别成功。同时，台式洗脸盆的图例符号也会按刚才的调整情况变成白色，完成该选择区域的卫生器具识别，如图 4-9 所示。

图 4-9　识别设备

4.2.3　工程量的提取

汇总计算工程量后，就可以查看卫生器具的工程量并导出数据，如图 4-10～图 4-12 所示。

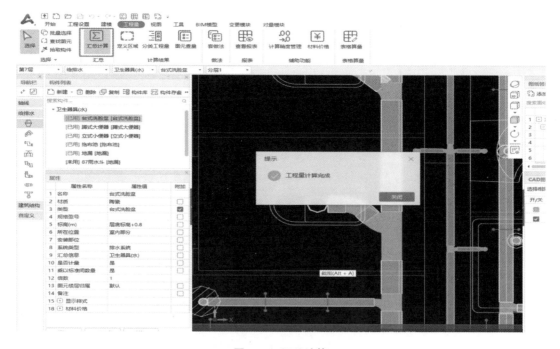

图 4-10　汇总计算

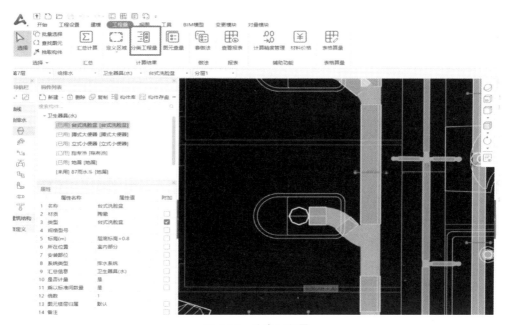

图 4-11 分类工程量

构件类型	给排水	▼	卫生器具(水) ▼	
	分类条件		**工程量**	
	名称	楼层	数量(组)	超高数量(组)
1	87雨水斗	屋面1	6.000	0.000
2		小计	6.000	0.000
3	87雨水斗-侧斗	屋面1	0.000	2.000
4		小计	0.000	2.000
5	地漏	第7层	2.000	0.000
6		第4~6层	6.000	0.000
7		第3层	2.000	0.000
8		第2层	2.000	0.000
9		首层	2.000	0.000
10		小计	14.000	0.000
11	蹲式大便器	第7层	7.000	0.000
12		第4~6层	21.000	0.000
13		第3层	7.000	0.000
14		第2层	7.000	0.000
15		首层	6.000	0.000
16		小计	48.000	0.000
17	立式小便器	第7层	4.000	0.000
18		第4~6层	12.000	0.000
19		第3层	4.000	0.000
20		第2层	4.000	0.000
21		首层	4.000	0.000
22		小计	28.000	0.000
23	台式洗脸盆	第7层	4.000	0.000
24		第4~6层	12.000	0.000
25		第3层	4.000	0.000
26		第2层	4.000	0.000
27		首层	4.000	0.000
28		小计	28.000	0.000
29	拖布池	第7层	2.000	0.000
30		第4~6层	6.000	0.000
31		第3层	2.000	0.000
32		第2层	2.000	0.000
33		首层	2.000	0.000
34		小计	14.000	0.000
35	总计		138.000	2.000

图 4-12 查看分类汇总工程量

给水排水"设
备工程量计算
（识别）"演示

4.3 设备工程量计算

【知识要求】

掌握"设备"计算规则。

【技能要求】

能够应用造价软件对"设备"进行建模。

【素养要求】

具有团结协作、乐于助人的职业精神。

4.3.1 任务分析

完成首层给水排水设备的工程量计算。

1. 分析图纸

先结合图纸查看相关的给水排水设备信息，在这套给水排水工程的图纸上，主要的设备有生活变频设备。以给水工程为例，查看图纸设计说明中的"主要设备和器材表"，可知第 6 项是生活变频设备，如图 4-13 所示。

6	生活变频设备	HLS24/0.6 配水泵50FSL12-70	套	2	一用一备
		Q=12m/h^3 H=70m N=4kW			
		增压泵40SFL6-70 Q=6m/h^3 H=70m N=3kW	套	1	

图 4-13　主要设备和器材表

由上图可知，这是一套生活变频给水设备 HLS24/0.6，包括 2 台配水泵（一用一备）、1 台稳压泵、1 个稳压罐、带 1 套变频控制柜等。其中，2 台配水泵（一用一备）的型号是 50FSL12-70，1 台增压泵的型号是 40SFL6-70。

2. 软件基本操作步骤

识别或点绘设备，生成设备图元。

3. 分析一层给水排水设备的识别方法

软件中给水排水设备的识别方法为"一键提量、设备提量、点（绘图）"。下面以长沙××公司办公楼的一层给水排水平面图为例，对给水排水设备进行识别。

给水排水设备可以利用图纸上的图例进行识别，也可以顺次点绘，下面对三种方法均进行介绍。推荐优先使用更加方便快捷的"设备提量"功能对给水排水设备进行批量快速识别计数。

图 4-14　新建设备

4.3.2　方法一：设备提量

第一步：新建设备。经典模式下，切换到"建模"界面，单击左侧导航栏下拉菜单给水排水专业中的"设备（水）（S）"，再单击右侧构件列表下的"新建"，下拉菜单会显示"新建设备"，如图 4-14 所示。

第二步：编辑属性。单击"新建设备"，弹出"［未用］SB-1［离心水泵］"，下方显示属性编辑器，如图 4-15 所示。在属性编辑器中输入名称、类型、规格型号、设备高度、标高等相应的属性值，根据图纸信息填写相关属性后如图 4-16 所示。该软件没有专门的"给水变频设备"类型，可以选用"水泵"类型。

图 4-15　新建离心水泵　　　　图 4-16　填写水泵相关信息

第三步：选中设备图例。单击"设备提量"功能，再单击绘图区域图纸中的生活变频设备图例，一般按照 CAD 图的设计原理，该设备整个图例会被选中。选择水泵（生活变频设备）图例如图 4-17 所示。

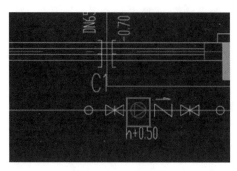

图 4-17　设备提量

第四步：选择要识别成的构件。鼠标左键点选绘图区的水泵图例，单击鼠标右键，弹出"选择要识别成的构件"窗体，如图 4-18 所示。按照工程需要以及图纸上的要求，对名称、类型、规格型号、设备高度、标高等属性进行修改。

图 4-18　选择要识别成的构件

第五步：选择识别范围。窗体下方"选择楼层"功能，用来勾选要识别设备的楼层；"识别范围"用来框选要识别设备的图纸范围，比较常用。

第六步：设置连接点。"设置连接点"功能，是为了确定设备进水口和出水口的准确位置，以保证后续识别水管后连接点位置的准确性。在"设置连接点（允许设置多个）"

窗体中，用鼠标点选"连接点"，连接点处显示"×"，如图 4-19 所示。

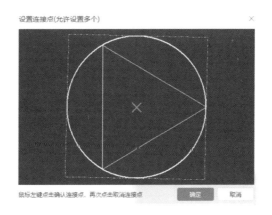

图 4-19　设置连接点

第七步：批量识别。在图 4-18、图 4-19 两个窗体都设置完成后，软件开始根据所设置的楼层和识别范围，批量识别选中图例的设备，识别完成后，会弹出工程量"提示"弹窗，提示本次识别的设备数量，给用户及时准确的算量信息反馈。工程量提示弹窗如图 4-20 所示。

图 4-20　工程量提示弹窗

4.3.3　方法二：一键提量

第一步：选择"一键提量"功能。触发"一键提量"按钮，在绘图区的上方弹出提示窗体，如图 4-21 所示。

图 4-21　弹出提示窗体

第二步：编辑构件属性定义。点选绘图区无关的 CAD 图层，使之呈蓝色显示，右键弹出"构件属性定义"窗体，如图 4-22 所示。窗体左侧新增了"分类"和"生成范围"：①分类分为优选设备和未知设备，未知设备说明软件未识别到具体的构件名称，需要"编辑属性"或"已提属性"的形式录入。②生成范围：默认对识别到的构件全部勾选，未识别到的构件不在勾选范围。

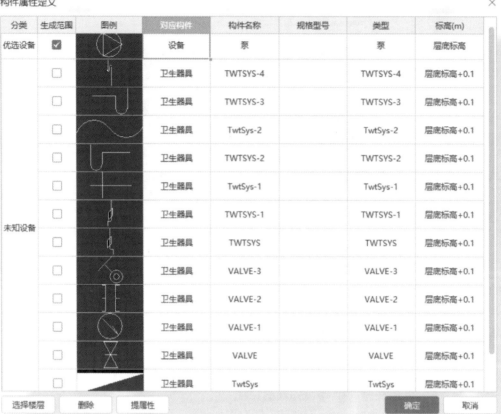

图 4-22　构件属性定义

第三步：选择楼层。在窗体左下方，单击"选择楼层"，弹出窗体。窗体中显示全部单项工程，可以同时对多个单项工程进行设备提量。勾选要识别的范围，单击确定，弹出识别的设备数量，如图 4-23 所示。

图 4-23　弹出识别的设备数量

4.3.4　方法三：点绘

第一步：新建构件。新建完构件后，除了进行"设备提量"或"一键提量"等识别类操作，对于少数像"水泵"之类的点式图元，可以直接通过点绘的方式绘制在绘图区内。选中"水泵"构件，修改名称、类型、规格型号、设备高度、标高等属性信息。图纸中未交代的信息，可以忽略，不需要进行任何信息的输入。为了方便观察，可以将识别的构件标选颜色，单击显示样式左边的"+"按钮展开更多内容，在"填充颜色"一栏，通过下拉列表框选择合适的颜色。

第二步：点绘。切换到"建模"界面下，单击"点"功能，触发点绘命令，此时光标在绘图区显示生活变频设备图例，在绘图区对应位置单击一下，就将生活变频设备图元布置在了绘图区域内，如图 4-24 所示。如果图纸中有多套生活变频设备，可以在绘图区域内相应的位置再次进行单击，完成图纸内所有的生活变频设备的绘制工作。

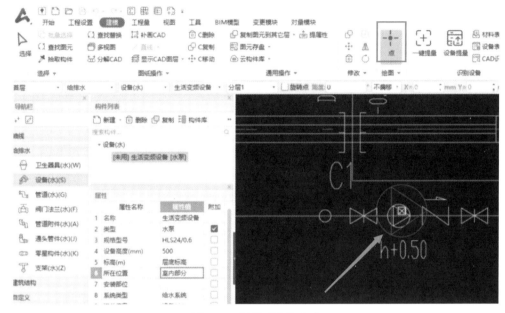

图 4-24　触发"点"命令

4.4　管道工程量计算

【知识要求】

掌握"管道"计算规则。

【技能要求】

能够应用造价软件对"管道"进行建模。

【素养要求】

具有诚实敬业、吃苦耐劳的工作精神。

2-3

给水排水"水
平管道工程量
计算（识别）"
演示

4.4.1　给水排水干管建模

本节任务是完成"水施-06 一层给水排水平面图"中给水引入管、污废水和雨水排出管的建模。

1. 分析图纸

（1）计算一层给水排水平面管道的工程量，首先要查看设计说明和对应的系统图。

（2）水施-01 给水排水设计说明中，明确生活给水管采用钢塑复合管，螺纹连接；污、废水排水管采用优质 PVC-U 管，承插式胶粘剂粘接。雨水排水管采用热镀锌钢管，丝扣连接。

（3）查看水施-03 中的给水系统原理图，可知 1～3 层卫生间的给水由 J/2 引入管通过立管 JL-2 供给，4～7 层的卫生间的水由水泵加压后由 J/1 引入管通过立管 JL-1 供给。在一层平面图中，2 轴与 D 轴的交点附近为 J/1 引入管的起始位置，该引入管管径为 DN80；3 轴与 D 轴的交点附近为 J/2 引入管的起始位置，该引入管管径为 DN65。

（4）查看水施-02 的污废水、雨水系统原理图，可知有 3 根污水排出管 W/1、W/2、W/3，1 根废水排出管 F/1，这 4 根排出管的管径均为 De160。6 根雨水排出管 Y/1、Y/2、Y/3、Y/4、Y/5、Y/6，这 6 根排出管的管径均为 DN100。

2. 软件基本操作步骤

只显示要识别的给水排水管道 CAD 图元，识别或绘制 CAD 管线，建立水平管构件，生成水平管图元。

3. 分析一层给水排水管道的识别方法

软件中给水排水管道的水平干管的识别方法为"自动识别、选择识别、直线（绘图）"。下面以长沙××办公楼的一层给水排水平面图为例，对给水排水水平干管进行识别。

4. 操作实施

给水排水工程的管道流向通常是按照引入管（排出管）→干管→立管→支管的顺序进行的（排水管流向虽然与引入管相反，但工程量计算时，仍然可以按照这样的走向考虑）。由于引入管或排出管通常都是从房屋最底层开始的，根据上述识别顺序，先进行给水引入管的构件操作。

（1）给水管道新建构件

第一步：新建构件。在进行识别之前，首先需要对管道构件进行新建。在"建模"界面，单击左侧导航栏下拉菜单给水排水专业中"管道（水）（G）"，再单击右侧"构件列表"下的"新建"，下拉菜单会显示"新建管道"，单击"新建管道"，弹出窗体如图 4-25 所示。

第二步：编辑属性。在属性编辑器中输入名称、系统类型、系统编号、材质、管径规格、起点标高、终点标高、管件材质、连接方式等相应的属性值，根据图纸信息填写相关属性后，GS80 管道新建在"构件列表"中了，如图 4-26 所示。系统默认的给水管道为绿色，为了便于区分，参照设备显示样式的修改方法，可以将填充颜色改为需要的颜色。此外，在"属性"信息栏中，标高信息的表达采用两种形式：直接输入标高数字或"层顶标高（或层底标高）＋数字"。安装工程在计算工程量时，很多构件的安装高度相对于本层楼地面来说几乎是相同的。采用"层顶标高（或层底标高）＋数字"的形式来表达标高简单明了，计算起来也较为简单，所以一般采用第二种形式。

图 4-25 新建管道　　　　　　　　　图 4-26 填写属性

第三步：复制并修改构件属性。在"构件列表"，选中"GS80"，右键单击"复制"，在属性编辑器中将名称改为"GS65"，管径规格改为 DN65，GS65 管道其他信息与 GS80 管道信息一致，可以不用修改。将本工程所要用到的其他给水排水管道全部复制并根据图纸修改相关信息，以备绘制或识别其他给水排水管道的时候调用。

（2）给水引入管的绘制

由于给水排水管道遇到的图线干扰多，变径频繁，推荐使用"直线绘制"功能。直线绘制的实质就是需要使用者沿着给水排水的图线重新描图，沿着原始的 CAD 图线，重新构建出安装计量软件能够计算的模型。下面以给水引入管 DN80 管道为例，介绍软件操作过程。

第一步：描图绘制管道。根据计算规则：给水管道室内外界线以建筑物外墙皮 1.5m 为界，入口处设阀门者以阀门为界。在这里，以入口处阀门为起始点，开始绘制管道。在"建模"界面，导航栏选择"管道（水）（G）"，"构件列表"选择"GS80"，触发"直线"功能，绘图区左上角弹出"直线绘制"设置辅助框，在绘图区域沿着原始的 CAD 图线，重新构建出 DN80 管道，其光标位置可以自由移动，如图 4-27 所示。并随着直线功能启动或退出，内容在工程不关闭功能的情况下会记忆。

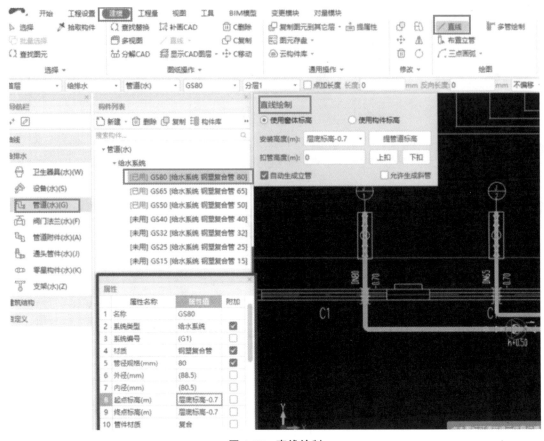

图 4-27　直线绘制

第二步：切换构件。结合"构件列表"、快速切换构件下拉框，可以在不退出功能的情况下进行各种管道的快速切换，并可保持相同的标高进行连续绘制。

第三步：编辑安装高度。可在绘图区进行"直接绘制"（不需要在"构件列表"中编辑起点终点标高，具有下拉、记忆功能，可记忆每一次标高的调整值，方便后续快速调用），"直线绘制"设置窗体标高如图 4-28 所示。

第四步：修改管道标高。可以通过选择绘图区任意专业的管道图元进行标高修改。J/1 引入管大部分标高为－0.7m，与生活变频设备两端相接的管道标高为层底标高＋0.5m。可以先全部按标高－0.7m 来绘制管道，对于层底标高＋0.5m 的那部分管道再进行修改。在"建模"界面，选择导航栏中"管道（水）（G）"，在绘图区域选中需要修改的管道，被选中的管道显示为深蓝色，在

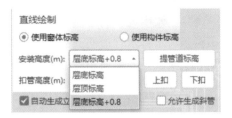

图 4-28　设置窗体标高

"构件列表"和"属性"栏显示对应的管道属性，直接修改该根管道的起点标高和终点标高为"层底标高＋0.5m"，如图 4-29 所示。由于在属性框内，起点标高和终点标高都是黑色字体，是私有属性，修改本处管道标高，不影响其他管道标高。

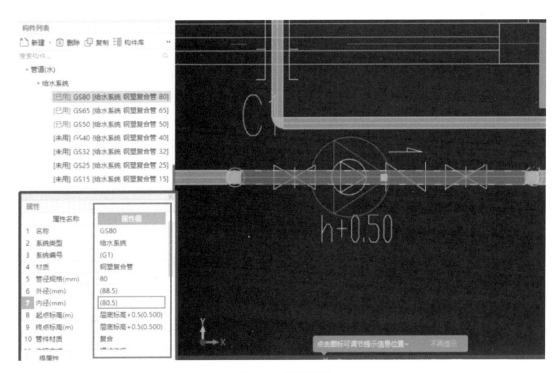

图 4-29 修改属性

第五步：自动生成立管。修改上述与生活变频设备两端相接的管道标高后，单击绘图区右侧竖条工具栏的"三维动态观察"图标，查看该处管道，已经自动生成了立管，如图 4-30 所示。

（3）给水引入管的识别与修改

下面以给水引入管 DN65 为例，介绍软件操作过程。

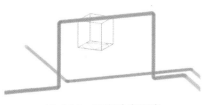

图 4-30 三维动态观察

第一步：给水引入管 J/2DN65 的识别。在"建模"界面，单击"选择识别"按钮，激活该功能，按照状态栏的文字指示，单击需要识别的管线"给水引入管 DN65"。注意：阀门和水表图例符号之间存在很短的管线，也需要单击选中。之后单击鼠标右键，弹出"选择要识别成的构件"提示框，接着按照之前讲述的方法，完成构件的关联操作，单击"确认"按钮，完成识别操作，如图 4-31 所示。这样，构件就能按照修改好的样式在绘图区域中显示出来了，给水管 DN65 水平管道识别完毕。识别完毕的模型如图 4-32 所示。

第二步：给水引入管 J/2DN65 的修改。给水管道室内外界线以建筑物外墙皮 1.5m 为界，入口处设阀门者以阀门为界。在这里，DN65 引入管应以阀门为起始点。通过检查软件识别之后的 DN65 引入管，发现该段管道长度超出了阀门，应修改该段出外墙皮的管道长度。选中该处管道，使之呈深蓝色，管道起始点有一个浅绿色小方块，如图 4-33 所示。单击这个浅绿色小方块，拖至阀门处即可。

图 4-31　选择识别

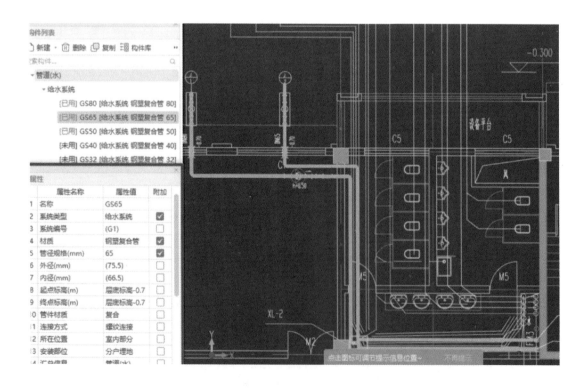

图 4-32　识别之后的管道

（4）污废水和雨水排出管的绘制

根据工程量计算规则，排水管道室内外界限划分：以出口处第一个排水检查井或外墙皮 1.5m 处为界，本工程以外墙皮 1.5m 处为界。

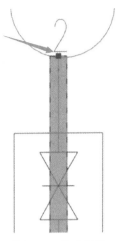

第一步：W/1 排出管绘制。在"建模"界面，导航栏选择"管道（水）（G）"，"构件列表"选择"WS160"，触发"直线"功能，上面任务栏弹出"点加长度"设置辅助框，勾选"点加长度"，在长度框内输入"1500"，如图 4-34 所示。在绘图区域点选 W/1 污水管 De110 与外墙皮的交点，出现一段长度为 1500mm 的直线，移动鼠标沿着原始的 CAD 图线，按"Enter"键，再单击右键确认，出外墙皮 1500mm 的 W/1 污水管 De160 绘制完成。

图 4-33　修改管道

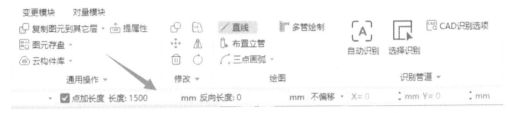

图 4-34　勾选"点加长度"

第二步：W/2 排出管绘制。在"建模"界面，导航栏选择"管道（水）（G）"，"构件列表"选择"WS160"，触发"直线"功能，单击下面任务栏的"动态输入"按钮，如图 4-35 所示。在绘图区域点选 W/2 污水管 De160 与外墙皮的交点，在鼠标下面出现一个蓝色的小框，随着鼠标的移动，蓝色小框里面的数字会变化。移动鼠标沿着原始的 CAD 图线，输入"1500"后按"Enter"键，再单击右键确认，出外墙皮 1500mm 的 W/2 污水管 De160 绘制完成，如图 4-36 所示。

图 4-35　动态输入按钮

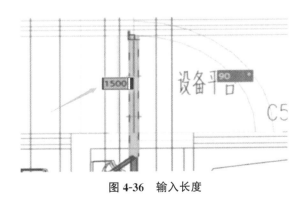

图 4-36　输入长度

图 4-37　测量两点间距离

第三步：测量两点间距离。查看出外墙皮 1500mm 的管线是否绘制准确。在"工具"界面，选择"测量两点间距离"功能，按照软件界面右下方的文字说明，按鼠标左键可连续选择测量点，按右键或"Esc"键确认，弹出测量结果，如图 4-37 所示。

第四步：绘制废水和雨水排出管。按照上述方法，依次把剩下的 1 根污水排出管 W/3、1 根废水排出管 F/1、6 根雨水排出管 Y/1、Y/2、Y/3、Y/4、Y/5、Y/6 绘制或者复制完成。

（5）图层的显隐

识别给水排水管道时，选中需要识别管线的过程中，往往会遇到图线干扰项太多的问题，需要将给水排水管线与建筑图线、非给水排水管线及阀门图线区分开，才能进行选中操作，进而识别。"CAD 图层"功能能够提取想要保留的图层而隐藏掉其他图层，从而方便识别操作。

单击软件绘图区域上方视图界面"CAD 图层"功能，如图 4-38 所示。软件右下角出现"CAD 图层"窗体，系统默认勾选"CAD 原始图层"左侧的开关复选框，所有图层均显示出来。单击该开关复选框，此时所有 CAD 原始图层均会隐藏起来，如图 4-39 所示。

图 4-38　CAD 图层

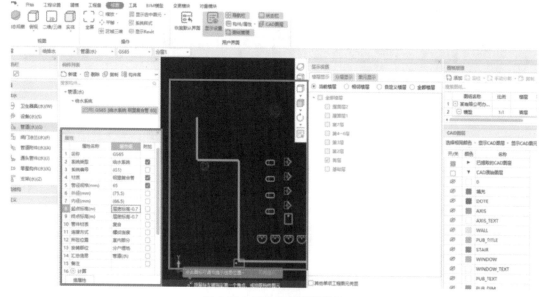

图 4-39　CAD 原始图层隐藏

按照软件界面右下方的文字说明，鼠标左键选中要显示的 CAD 图元对应的"开/关"，这时左键单击选中部分对应的图层将会被隐藏。保留下来的图线，已经去除了大部分的干扰，在这样的图纸中，按照之前讲述的操作，便不难把剩下的给水排水管线识别完毕。

另外还有一种快捷方式，软件最下面的工具条有"CAD 图亮度"功能，在"⊖—⊕"之间拖动鼠标，可以快速实现 CAD 原始图层的显示与隐藏，如图 4-40 所示。

图 4-40 CAD 图亮度

（6）工程量参考

在"工程量"界面，单击"汇总计算"功能，弹出"汇总计算"窗体，选择"首层"，单击"计算"，等待几秒，弹出"工程量计算完成"窗体。汇总计算后，在"工程量"界面，单击"分类工程量"功能，弹出"查看分类汇总工程量"窗体，如图 4-41 所示。在"查看分类汇总工程量"窗体选择"设置分类及工程量"，弹出"设置分类条件及工程量输出"窗体，在"分类条件"下勾选"系统类型"，单击确定，如图 4-42 所示。

图 4-41 查看分类汇总工程量

图 4-42 设置分类及工程量

在"工程量"界面，单击"查看报表"功能，弹出"查看报表"窗体，如图 4-43 所示。单击左列"给水排水-系统汇总表-管道"，再单击上方工具栏"导出数据-导出到 Excel 文件"，导出一层给水排水管道工程量汇总表见表 4-2。

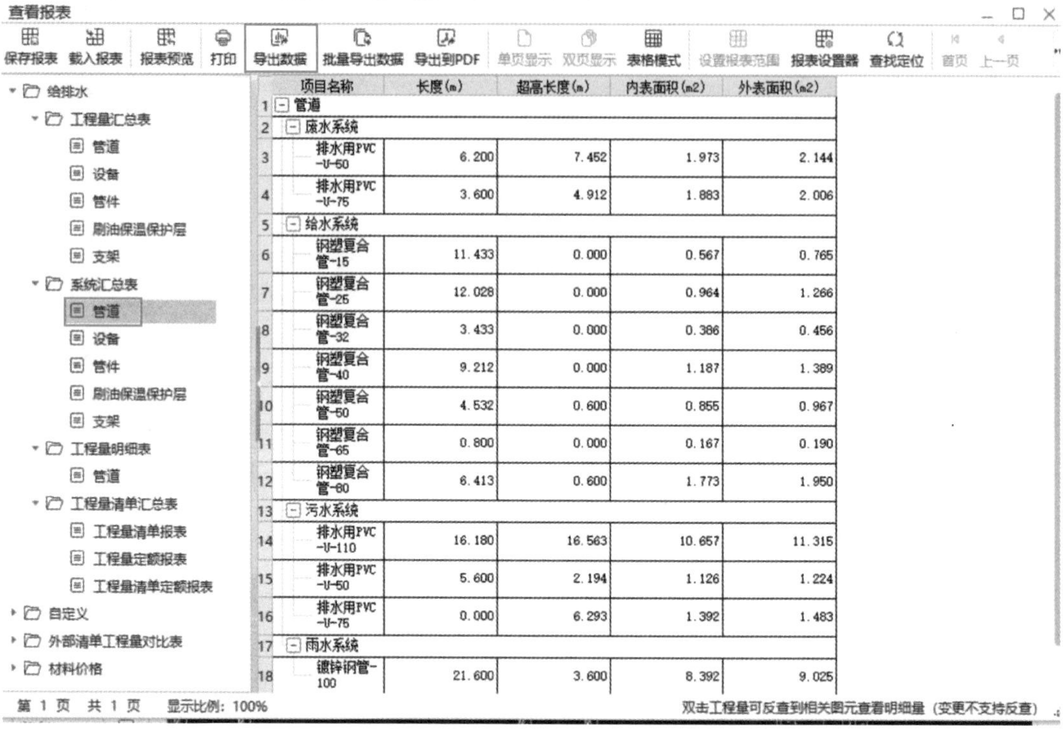

图 4-43　查看报表

一层给水排水管道工程量 表 4-2

项目名称	长度（m）	超高长度（m）	内表面积（m²）	外表面积（m²）
管道				
废水系统				
排水用 PVC-U-50	6.200	7.452	1.973	2.144
排水用 PVC-U-75	3.600	4.912	1.883	2.006
给水系统				
钢塑复合管-15	11.433	0.000	0.567	0.765
钢塑复合管-25	12.028	0.000	0.964	1.266
钢塑复合管-32	3.433	0.000	0.386	0.456
钢塑复合管-40	9.212	0.000	1.187	1.389
钢塑复合管-50	4.532	0.600	0.855	0.967
钢塑复合管-65	0.800	0.000	0.167	0.190
钢塑复合管-80	6.413	0.600	1.773	1.950

续表

项目名称	长度(m)	超高长度(m)	内表面积(m^2)	外表面积(m^2)
污水系统				
排水用 PVC-U-110	16.180	16.563	10.657	11.315
排水用 PVC-U-50	5.600	2.194	1.126	1.224
排水用 PVC-U-75	0.000	6.293	1.392	1.483
雨水系统				
镀锌钢管-100	21.600	3.600	8.392	9.025

4.4.2 给水排水立管建模

1. 任务说明

完成"水施-03 给水系统原理图"和"水施-02 污废水和雨水系统原理图"中给水立管、污废水立管和雨水立管建模。

给水排水"卫生间图纸处理（详图/大样图处理演）"演示

2. 任务分析

（1）分析图纸

计算给水排水立管的工程量，首先要查看设计说明和对应的系统图。

水施-01 给水排水设计说明中，明确生活给水管采用钢塑复合管，螺纹连接；污排水管采用优质 PVC-U 管，承插式胶粘剂粘接；雨水排水管采用热镀锌钢管，丝扣连接。

查看水施-03 给水系统原理图，对 JL-2 进行识读，JL-2 被第一层安装截止阀和水表的横支管分成了两段，通过查看"一层卫生间给水系统图"可知，第一层的横支管标高为 $h+0.8$m。从系统图观察到该立管分为标高 0.8m 以下和以上的两个部分，以下部分管径为 DN65，以上部分管径为 DN50，平面图观察为 JL-2 带有一个"大圈"和一个"小圈"。已经识别好的给水引入管 DN65，先连接的是较大"圆圈"的 JL-2 立管 DN65，再连接的是较小"圆圈"的 JL-2 立管 DN50。

查看水施-03 给水系统原理图，对 JL-1 进行识读，JL-1 被第五层和第六层安装截止阀和水表的横支管分成了三段，通过查看"二层以上卫生间给水系统图"可知，第五层和第六层的横支管标高为 $h+0.8$m。从系统图观察到，该立管有两次变径，第一次变径在标高 15.2m（14.4+0.8）处变为 DN65，第二次变径在标高 18.6m（17.8+0.8）处变为 DN50，DN50 管一直伸到屋面 29m 处。平面图观察为 JL-1 带有一个"大圈"、一个"中圈"和一个"小圈"。已经识别好的给水引入管 DN80，先连接的是较大"圆圈"的 JL-1 立管 DN80，再连接的是中等大小"圆圈"的 JL-1 立管 DN65，最后连接的是较小"圆圈"的 JL-1 立管 DN50。

查看水施-02 污废水和雨水系统原理图，可知有 3 根污水立管 W/1、W/2、W/3，均为 De110，无变径；1 根废水立管 F/1 管径为 De75，无变径；6 根雨水立管 Y/1、Y/2、Y/3、Y/4、Y/5、Y/6，管径均为 DN100，无变径。

（2）软件基本操作步骤

识别系统图生成立管构件，智能识别生成立管图元。

（3）分析给水排水立管的识别方法

软件中给水排水管道的立管识别方法为"布置立管、布置变径立管"。下面以长沙××公司办公楼的给水排水系统原理图为例，对给水排水立管管道进行识别。

3. 操作实施

（1）布置立管

下面以给水立管 JL-2 为例，介绍软件操作过程。

通过软件自动生成立管的要求比较严格，需要立管连接的两端水平管的标高差距不能太大。将一层平面图中给水管的引入管全部识别完毕后，接着就需要布置 JL-1、JL-2 立管。

第一步：布置 DN65 立管。在建模界面，在导航栏中选择"管道（水）（S）"，"构件列表"选择"GS65"，单击绘图区域中的"布置立管"功能按钮，如图 4-44 所示。

图 4-44　布置立管

弹出"立管标高设置"窗体，选择"布置立管"，设置"底标高（m）"和"顶标高（m）"，如图 4-45 所示。然后按照状态栏的文字提示，单击 JL-2"大圈"的中心，DN65 的立管布置完成，如图 4-46 所示。对该根立管进行动态观察，生成的立管如图 4-47 所示。

图 4-45　立管标高设置

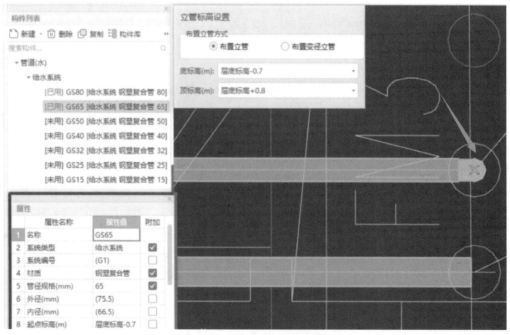

图 4-46　选择"大圈"中心

第二步：布置 DN50 立管。JL-2 立管在 0.8m 以上变径为 DN50，DN50 的最高点通过查看给水系统原理图，在三层层底标高 7.6m 往上伸 0.8m，由此可以在"立管标高设置"窗体设置 DN50 的底标高和顶标高，如图 4-48 所示。单击 JL-2"小圈"的中心（"大圈"与"小圈"的中心是重合的），DN50 的立管布置完成。对该根立管进行动态观察，生成的立管如图 4-49 所示。可以看出，在 DN65 的立管上通过变径管连接了 DN50 的立管。

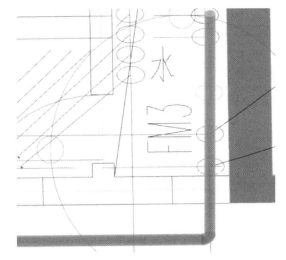

图 4-47　立管动态观察

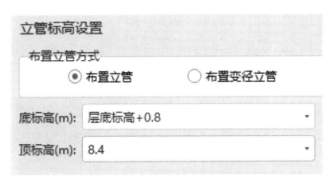

图 4-48　立管标高设置

图 4-49　立管变径

（2）布置变径立管

下面以给水立管 JL-1 为例，介绍软件操作过程。

第一步：选择"布置变径立管"。在建模界面的导航栏选择"管道（水）（S）"，"构件列表"选择"GS65"，单击绘图区域中的"布置立管"功能按钮，弹出"立管标高设置"窗体，选择"布置变径立管"，弹出"变径立管标高设置"的窗体，如图 4-50 所示。

图 4-50　布置变径立管

第二步：添加变径管道。单击"添加"按钮，弹出"选择构件"窗体，如图 4-51 所示。选择需要的管道，单击"确认"按钮，又回到"变径立管标高设置"的窗体。

图 4-51　选择构件

第三步：编辑变径管道标高。在"变径立管标高设置"的窗体中，将 DN80 的底标高设置为 0.8m，顶标高设置为 15.2m。继续单击"添加"按钮，重复上一步操作，可以把 DN65 和 DN50 两根立管也添加进来，如图 4-52 所示。

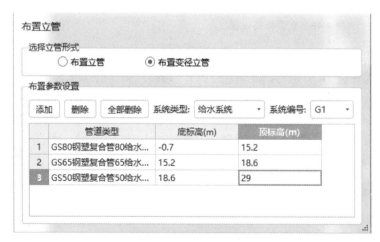

图 4-52　布置变径立管

第四步：布置变径立管。完成上述步骤后，将鼠标放至绘图区域，会显示三个绿色同心的"圆圈"，如图 4-53 所示。然后按照状态栏的文字提示，单击代表 JL-1"大圈"的中心，DN80、DN65 和 DN50 三根立管就布置完成。对该根立管进行动态观察，生成的立管如图 4-54 所示，可以看出，该根立管有两处变径。

图 4-53 显示三个绿色同心的"圆圈"

图 4-54 两处变径

污废水和雨水立管无变径，绘制或者识别都比较简单，可以参照上述 JL-2 立管的布置方法。

按照上述方法，依次把剩下的立管绘制或者复制完成。

4.4.3 卫生间管道建模

1. 任务说明

建立一层卫生间管道模型、二层及以上卫生间管道模型。

2. 任务分析

（1）分析图纸

识读一层卫生间给水工程图纸。

结合"一层卫生间平面放大图"与"一层卫生间给水系统图"，可将"一层卫生间平面放大图"的管径标注在图纸上，如图 4-55 所示。根据《卫生设备安装图集》可知，接蹲便器的给水支立管为 DN25，接小便器、洗脸盆和拖布池的给水支立管为 DN15。

识读一层卫生间污水、废水工程图纸。

结合"一层卫生间平面放大图""一层卫生间废水系统图"与"一层卫生间污水系统图"，可将"一层卫生间平面放大图"的管径标注在图纸上，如图 4-56 所示。根据《卫生设备安装图集》可知，接蹲便器的排水支立管为 De100，接小便器、洗脸盆、拖布池和地漏的排水支立管为 De50。

（2）软件基本操作步骤

识别卫生器具后，再识别卫生间的给水排水支管，连接卫生器具的支立管自动生成，没有自动生成的立管可进行绘制。

（3）分析给水排水支管建模方法

给水排水支管为线式构件，可采用"直线"绘制功能识别给水排水支管建模。

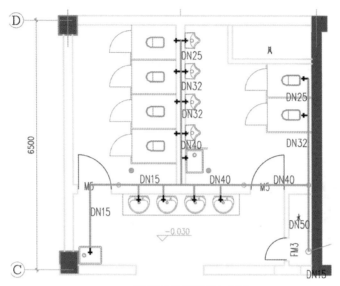

一层卫生间平面放大图 1:50

图 4-55　一层卫生间给水平面放大图

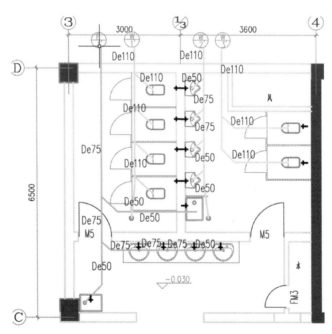

一层卫生间平面放大图 1:50

图 4-56　一层卫生间排水平面放大图

3. 任务实施

（1）检查图纸比例并设置

在"工程设置"-"图纸管理"窗体，双击"卫生间平面放大图"，绘图区显示该大样图，单击界面"工具"-"长度标注"-"长度标注"功能，在绘图区大样图选择其中一段有轴距标识的轴网，如 3 轴到 1/3 轴。单击鼠标左键选择 3 轴其中一点，再平移单击 1/3 轴一点，如图 4-57 所示，弹出长度标注，单击左键确认。弹出的长度标注即为此段距离，该长度与轴距长度相同，不需要调整图纸比例。

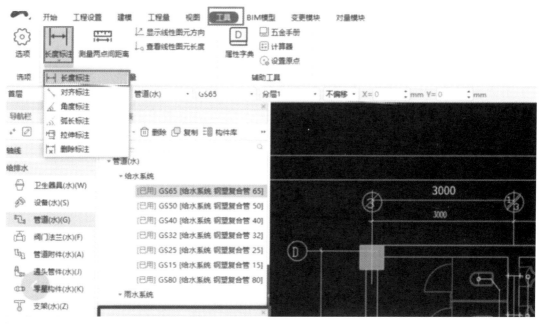

图 4-57 长度标注

也可以单击界面"工具"-"测量两点间距离"功能，在绘图区大样图选择其中一段有轴距标识的轴网，如 3 轴到 1/3 轴。单击鼠标左键选择 3 轴其中一点，鼠标平移再单击 1/3 轴一点，单击右键确认，在弹出的对话框内显示此段距离，如图 4-58 所示。该长度与轴距长度相同，不需要调整图纸比例。

图 4-58 测量两点间距离

（2）一层卫生间给水管道建模

第一步：对卫生器具进行识别（详见 4.2 卫生器具工程量计算）。

第二步：绘制各段水平管线。由于该卫生间的管道不长，变径较多，推荐使用"直线"绘制功能。在"建模"界面的导航栏选择"管道（水）（G）"，"构件列表"选择"GS50"，触发"直线"功能，绘图区左上角弹出"直线绘制"设置辅助框，修改 DN50 管道的标高为"层底标高＋0.8"，在绘图区域沿着原始的 CAD 图线，重新构建出 DN50 管道。同理，切换"构件列表"中的管道，绘制 DN40、DN32、DN25、DN15 管道。需要注意的是，在卫生间两扇门上方的 DN40 和 DN15 管道的标高均为"层底标高＋2.8"，设置好标高直接绘制即可。水平管与水平管之间的立管会自动生成。

第三步：绘制立管。绘制完水平管道后，拖布池和小便器由于支管绘制到了连接点，这些连接卫生器具的支立管已自动生成。对于蹲便器和洗脸盆来说，由于连接点的位置不容易确定，未自动生成支立管，可以用"布置立管"功能来实现。

在建模界面的导航栏选择"管道（水）（S）"，"构件列表"选择"GS25"，单击绘图区域中的"布置立管"功能按钮，弹出"立管标高设置"窗体，选择"布置立管"，可以

设置底标高为蹲便器高度"层底标高＋0.38"，顶标高为支管高度"层底标高＋0.8"，如图 4-59 所示。然后按照状态栏的文字提示，单击一层与 6 个蹲便器相连支管的中心，按鼠标右键退出立管布置，与蹲便器相连的 DN25 支立管布置完成。对 6 根蹲便器给水立管进行动态观察，生成的立管如图 4-60 所示。

图 4-59　立管标高设置

图 4-60　立管动态观察

由于洗脸盆的安装高度与支管同高，不用布置立管。至此，卫生间的给水管道布置完毕。

（3）一层卫生间污水、废水管道建模

第一步：对卫生器具进行识别。由于在"卫生间给水工程的绘制"里已经对卫生器具进行识别，这里只需要识别地漏。地漏识别方法同卫生器具（详见 4.2 卫生器具工程量计算）。

第二步：新建污水、废水管道。由于该卫生间的管道不长，变径较多，推荐使用"直线"绘制功能。选择"建模"界面左侧导航栏下拉菜单给水排水专业中的"管道水（G）"，再单击右侧"构件列表"下的"新建"，"新建"下拉菜单会显示"新建管道"，单击"新建管道"，弹出"属性"窗体。

在属性编辑器中输入名称、系统类型、系统编号、材质、管径规格、起点标高、终点标高、管件材质、连接方式等相应的属性值，根据图纸信息填写相关属性。当选择的系统类型为"排水系统"后，软件自动将新建的污水管道放到"构件列表-管道（水）-排水系统"目录下，如图 4-61 所示。在"构件

图 4-61　构件属性

列表"中选择"WS110",右键单击"复制",在属性编辑器中将名称改为"WS75",管径规格改为"De75",WS75管道其他信息与WS110管道信息一致,可以不用修改。将本工程所要用到的其他排水管道全部复制并根据图纸修改相关信息,以备绘制其他排水管道的时候调用。

第三步:绘制卫生间污水、废水管道。在"建模"界面,"构件列表"选择"WS110",触发"直线"功能,绘图区左上角弹出"直线绘制"设置辅助框,修改WS110管道的标高为"层底标高－0.55",在绘图区域沿着原始的CAD图线,重新构建出De110管道至外墙皮。

同上述步骤,切换"构件列表"中的管道,绘制污水和废水De75、De50管道。绘制与卫生器具连接的支管时,绘制到卫生器具的连接点,横支管与卫生器具之间的立管会自动生成。

第四步:修改立管。通过三维观察,有两处小便器的立管自动生成了De75的,应将其改为De50。在绘图区域,左键选中该立管,点击右键,鼠标旁边显示一列菜单,从中选择"修改名称",弹出"修改构件图元名称"窗体,如图4-62所示。单击"目标构件-WS50[排水用PVC-U De50]",单击确定,该立管更改完成。

图4-62 修改构件图元名称

绘制完的卫生间污水与废水管道如图4-63所示。

(4)二层卫生间给水排水管道建模

按照同样的操作,可以将"二层及以上卫生间放大图"进行建模。由于"二层及以上卫生间放大图"放在软件的"首层",需要将整个二层卫生间的图元复制到其他楼层。在"建模"界面,单击"通用操作"区的"复制图元到其他楼层"功能,在绘图区拉框选择"二层及以上卫生间放大图",单击右键,弹出"复制图元到其他层"编辑器,如图4-64所示。勾选"第2层",单击"确定",等待几秒,跳出"提示"窗体,复制完成。

在"建模"界面,右上部"图纸管理"窗体,单击图纸名称栏"模型"-"二层给水排水平面图",查看图元复制位置,该图元位置在二层平面图附近,如图4-65所示。

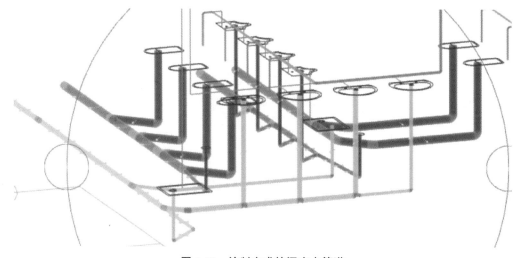

图 4-63　绘制完成的污废水管道

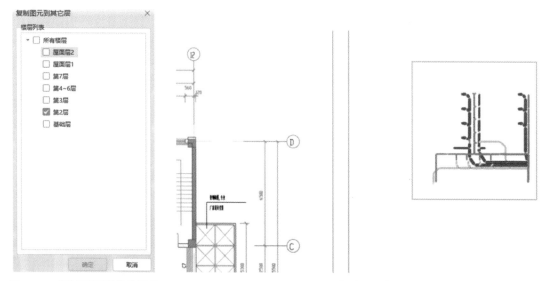

图 4-64　复制图元到其他楼层　　　　图 4-65　查看图元复制位置

　　需要将其整体移动到二层平面图对应的位置。在绘图区域拉框选择该图元，单击右键，弹出一列菜单，从中选择"移动"命令，接着用鼠标点选一点作为定位点，将其移动到二层平面图对应的位置，如图 4-66 所示。

　　（5）三层及以上卫生间给水排水管道建模

　　在"建模"界面，单击"通用操作"区的"复制图元到其他楼层"功能，在绘图区拉框选择"二层平面图"，单击右键，弹出"复制图元到其他层"编辑器，如图 4-67 所示。勾选"第 3 层""第 4～6 层"和"第 7 层"，单击"确定"，等待几秒，跳出"提示"窗体，复制完成。

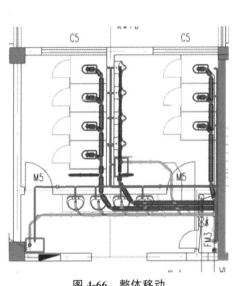

图 4-66　整体移动

图 4-67　复制图元到其他楼层

可以单击平面图和三维视图查看图元复制情况。三维视图查看所有图元步骤：单击"视图"界面，单击"显示设置"，弹出"显示设置"窗体，选中"全部楼层"，绘图区域显示所有楼层的三维图元，如图 4-68 所示。

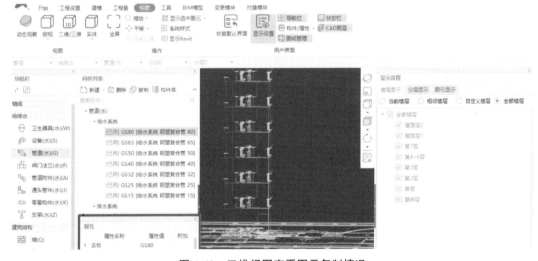

图 4-68　三维视图查看图元复制情况

4.4.4　设置标准卫生间

1. 任务说明

完成长沙××公司办公楼案例工程给水排水工程二层以上标准卫生间工程量计算。

2. 任务分析

将卫生间管道、卫生器具等分别识别生成建模后，即可输出卫生间的工程量结果。通过前面的图纸分析可知，本工程中卫生间在整个工程中有若干个相同的卫生间，这种情况在软件中如何设置来快速计算工程量，下面介绍具体方法。

3. 任务实施

利用"设置标准间"的方法，快速计算工程量，具体实施步骤如下：

（1）建立"标准间"构件

首先，对"二层卫生间放大图"建模，选择该卫生间作为标准间。在"建模"界面的导航栏的树状列表中，选择"建筑结构"-"标准间"，"构件列表"会显示标准间，单击"新建"按钮，新建标准间，如图 4-69 所示。

其次，选择"新建标准间"，下方显示属性项与属性值，按照图纸要求填入标准间名称与数量，如图 4-70 所示。

图 4-69　设置标准间

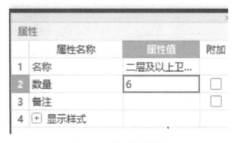

图 4-70　标准间属性

接下来，在"绘图区"选择"矩形"画法，将鼠标放到绘图区域二层卫生间左下角 3 轴与 C 轴交叉的柱角上，此处显示一个"×"定位符号，在绘图区拉框选择一层卫生间区域，点右键确认，一层卫生间标准间生成，如图 4-71 所示。

（2）布置"标准间"

在"标准间二次编辑"区选择"布置标准间"，鼠标放到绘图区域即刻显示刚刚新建的标准间，鼠标处为"×"定位符号，移动鼠标到二层平面图 3 轴与 C 轴交叉的柱角上，

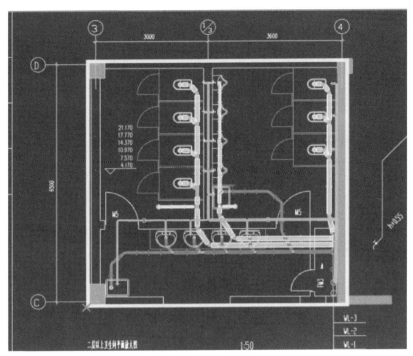

图 4-71 生成标准间

该标准间布置成功。

（3）卫生间管道工程量参考

给水排水工程卫生间管道工程量计算见"一、给水排水干管建模"操作步骤。给水排水工程卫生间管道工程量见表 4-3。

二层卫生间管道工程量　　　　表 4-3

项目名称	长度（m）	内表面积（m²）	外表面积（m²）
管道			
废水系统			
排水用 PVC-U-50	13.552	1.958	2.129
排水用 PVC-U-75	7.712	1.706	1.817
给水系统			
钢塑复合管-15	10.047	0.499	0.672
钢塑复合管-25	13.996	1.121	1.473
钢塑复合管-32	4.453	0.501	0.592
钢塑复合管-40	9.296	1.197	1.402
钢塑复合管-50	5.159	0.859	0.972
钢塑复合管-80	3.400	0.860	0.945
污水系统			
排水用 PVC-U-110	31.135	10.133	10.759
排水用 PVC-U-50	7.594	1.097	1.193
排水用 PVC-U-75	6.293	1.392	1.483
雨水系统			
镀锌钢管-100	20.400	6.793	7.306

2-7

给水排水"管
道附件工程
量计算（识
别）"演示

4.5 管道附件工程量计算

【知识要求】

掌握"管道附件"计算规则。

【技能要求】

能够应用造价软件对"管道附件"进行建模。

【素养要求】

具有手脑并用的良好学习习惯和良好的实践操作能力。

4.5.1　任务分析

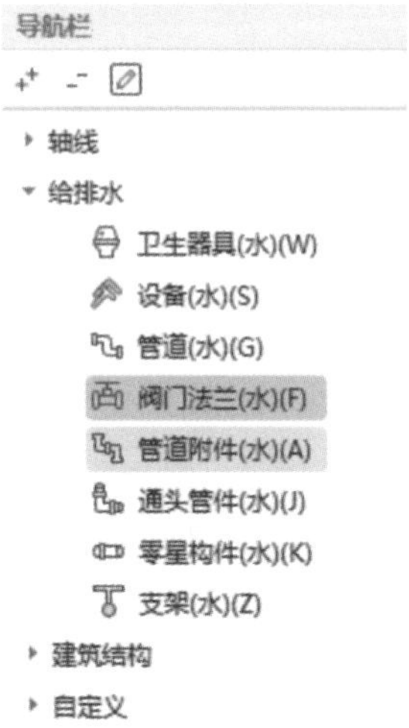

图 4-72　导航栏中的"阀门法
兰"和"管道附件"

根据给水排水工程的建模顺序，完成给水排水管道的建模后，应进行阀门法兰及管道附件的建模工作。在导航栏中，无论是单击"阀门法兰"，还是单击"管道附件"，构件列表基本相同，如图 4-72 所示。

阀门法兰与管道附件除了在新建构件时设置构件属性略有差异外，其余操作完全相同。此外，这两大类构件都是在管道上进行安装，所以只有管道建模完成后才能进行，其规格大小都以安装位置上的管道管径大小来进行区分。

这两种类型的构件以个数为统计单位，一般采用"设备提量"或"点"画的方法进行建模，其操作方法与卫生器具建模相同。

分析图纸可知本套图纸二层有 1 个口径为 50mm 的截止阀。

4.5.2　新建构件

阀门法兰与管道附件新建构件的方法和具体操作步骤相同。下面以截止阀为例说明具体操作：

步骤一：新建。单击导航栏中的"阀门法兰"按钮—单击构件列表中的"新建"按钮—单击"新建阀门"按钮，如图 4-73 所示。软件会自动创建一个名称为"闸阀"的构件，如图 4-74 所示。根据工程中构件的具体信息修改构件属性。

步骤二：修改构件属性。在构件属性编辑器中修改构件参数，单击类型下拉列表选择"截止阀"，如图 4-75 所示。阀门法兰与管道附件的规格型号在设备提量后自动匹配与管

图 4-73 新建阀门操作

图 4-74 自动创建的阀门及属性

道大小相同的规格。由于存在着这样的特性，在新建阀门构件时，其属性中的"规格型号"栏无须修改，修改名称完成构件的新建操作如图 4-76 所示。

图 4-75 更改阀门类型

图 4-76 修改名称完成构件的新建操作

步骤三：修改构件名称。一般让构件名称和构件类型的名称保持一致，构件名称可以直接手动输入，也可以复制构件类型的文字粘贴至名称栏，完成后如图 4-77 所示。

结合实际工程项目，本工程中需要新建的构件除截止阀外，还有其他规格的截止阀、自动排气阀、止回阀、各种规格的冷水表。所有构件新建完成后的构件列表如图 4-78 所示。

4.5.3 设备提量

阀门法兰与管道附件的工程量统计可以采用"设备提量"或"点"画的方法进行。CAD 底图中已经绘制的阀门或附件一般采用"设备提量"的方法进行建模；CAD 底图中没有绘制的阀门或附件一般采用"点"画的方法进行建模。

图 4-77　阀门法兰新建完成的构件列表

图 4-78　管道附件新建完成的构件列表

1. 设备提量

阀门法兰与管道附件设备提量的方法与卫生器具设备提量的方法相同。

步骤一：单击"建模"选项卡中"设备提量"按钮。

步骤二：单击 CAD 底图中需要进行"设备提量"的图例符号，再单击鼠标右键，在

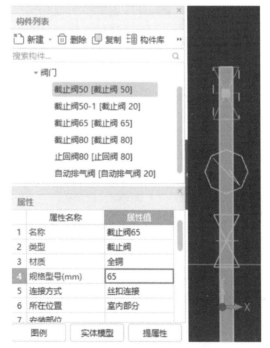

图 4-79　阀门构件的管径自动匹配

构件列表中单击对应构件，完成构件与图例的关联。

这样，给水管中两处截止阀被提取，成功完成建模操作。需要注意的是，完成"设备提量"后的阀门构件的属性栏，其规格型号按安装位置的管径大小自动匹配为"DN65"，如图 4-79 所示。

2. 点画

若采用"设备提量"的方法未成功提取，或需要提量的阀门附件没有在 CAD 底图中绘制，可采用"点"画的方法进行建模，具体步骤如下：

步骤一：单击"建模"菜单"绘图"选项卡中"点"按钮。

步骤二：在 CAD 底图中找到需点画的图元的位置，单击绘制完成。注意阀门附件必须在建模完成的管道上进行点画，否则不能成功点画。

4.5.4　阀门构件"设备提量"的注意事项

阀门构件设备提量一般可以一次完成所选区域的阀门类所有构件的建模。但是，当阀

门的图例符号存在着较大程度的差异，比如图例形状的大小、图线的粗细等，使得同类构件无法在一次设备提量操作中完成建模。

若出现此情况可以再次调用"设备提量"，在"选择要识别成的构件"对话框的构件列表中直接双击刚才已完成"设备提量"的安装在 DN50 管的"截止阀 50"构件，如图 4-80 所示。软件会自动创建出一个名称为"截止阀 50-1"的构件，其规格型号为"DN20"，为加以区别，将截止阀 50-1 构件的名称修改为"截止阀 20"，如图 4-81 所示。阀门构件与安装的管道的管径规格息息相关，即使在"选择要识别成的构件"对话框中，选择了错误的构件，软件也会根据安装的管道管径大小，自动创建一个管径规格与之匹配，且类型相同的构件。为以示区别，该构件的名称后面会自动添加"—1"字样。因此，在阀门构件进行"设备提量"建模操作时，相同类型的阀门构件只需要新建一次即可。

图 4-80　直接双击已新建的构件

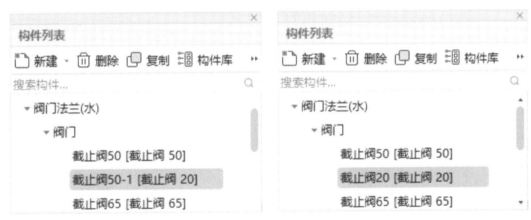

图 4-81　自动创建的阀门构件完成名称修改前后

4.6　给水排水工程零星构件工程量计算

【知识要求】

掌握"给水排水工程零星构件"计算规则。

【技能要求】

能够应用造价软件对"给水排水工程零星构件"进行建模。

【素养要求】

具有严谨求实、认真负责的工作态度。

4.6.1　图纸及任务分析

完成本节任务需要注意：零星构件主要指管道穿墙、穿楼板的套管及排水管道的伸缩节、阻火圈、止水节等。

按照给水排水工程的构件建模顺序：卫生器具—设备—管道—附件—零星构件，在完成前面的给水排水工程建模工作后，还要进行零星构件的建模。本实例工程还有少量的零星构件需要额外处理。

根据图纸设计说明，给水管立管穿楼板时，应设套管。排水管穿越楼板应预留孔洞，孔洞比管道大两号，排水立管穿楼板需要设置阻火圈，如图 4-82 所示。结合施工要求和本工程具体情况，建模中按照如下规定进行：①给水、排水、雨水管道穿外墙、基础、屋面要做刚性防水套管，套管直径比管道大两号；②室内给水立管穿越楼板做一般填料钢套管，套管直径比管道大两号；③污水、废水、雨水立管穿越楼板设置阻火圈；④预留孔洞一般在土建施工中预留，通常不考虑单独开洞。

（2）给水管立管穿楼板时，应设套管。安装在楼板内的套管，其顶部应高出装饰地面20mm；安装在卫生间及厨房内的套管，其顶部应高出装饰地面50mm，底部应与楼板底面相平；套管与管道之间缝隙应用阻燃材料和防水油膏填实，端面应光滑。

（3）排水管穿越楼板应预留孔洞，孔洞比管道大两号，管道安装完后将孔洞严密捣实，立管周围应高出楼板面设计高度10～20mm 的阻火圈。

图 4-82　设计说明中关于套管和阻火圈的要求

4.6.2　布置墙体

套管构件建模前，应先布置墙体和楼板，它们是套管存在的必要条件。软件中提供了墙构件，布置墙体的操作步骤如下：

步骤一：新建墙体。单击导航栏中"建筑结构"按钮，在展开的构件类型中单击"墙（Q）"按钮，在构件列表中单击"新建"按钮，最后单击下方展开的"新建墙体"按钮，如图 4-83 所示。此时，软件会自动创建一个名称为"Q-1 外墙"的构件，根据墙体的属性将属性修改为外墙。

步骤二：识别墙体。结合工程管道布置的情况，进行墙体的自动识别。管道所示在卫生间，此处可以布置卫生间外墙。单击"建模"菜单识别墙选项卡中的自动识别，将地下一层和首层卫生间外墙进行识别，如图 4-84 所示。

用同样的方法可以完成所有楼层现浇板的布置。若设计说明中说明管道穿内墙也需要加装套管，那么内墙也以同样的方法进行识别。

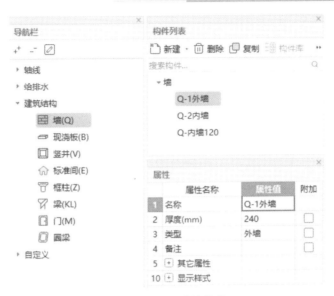

图 4-83　新建墙体构件

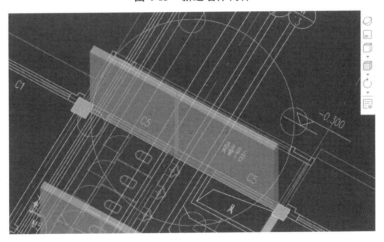

图 4-84　首层外墙识别

4.6.3　布置现浇板

软件中提供了现浇板构件，用以解决这样的问题，具体操作如下：

步骤一：新建现浇板。单击导航栏中"建筑结构"按钮，在展开的构件类型中单击"现浇板（B）"按钮，在构件列表中单击"新建"按钮，最后单击下方展开的"新建现浇板"按钮，如图 4-85 所示。此时，软件会自动创建一个名称为"B-1"的构件。本工程的板厚为 120mm，所以不需要进行二次编辑。

步骤二：调用"绘制矩形"命令。单击功能栏中的"矩形"按钮，启用该功能，如图 4-86 所示，同时，绘图区域下方的状态栏提示内容为指定矩形角点。

步骤三：绘制现浇板。根据状态栏的内容，单击鼠标左键确定第一角点，根据 CAD 底图拉框确定对角点并单击绘制一个矩形，如图 4-87 所示。需要注意：若要实现零星构

图 4-85　新建现浇板构件

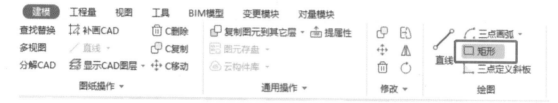

图 4-86　启动现浇板"矩形"绘制功能

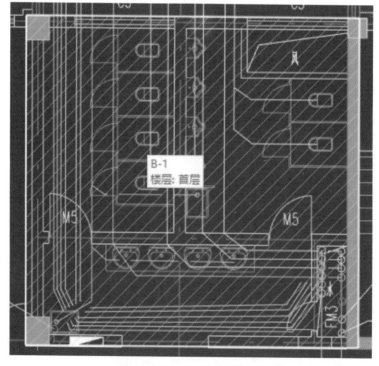

图 4-87　卫生间现浇板绘制

件一次生成，该矩形要覆盖所有立管通过的区域。绘制该矩形时，可以从左向右绘制，也可从右向左绘制，两种绘制方式，结果都是一样的。

用同样的方法可以完成所有楼层现浇板的布置。生成的墙体和现浇板构件只是为自动生成套管的操作提供一个前提条件，墙体和现浇板图元不会参与软件的计算环节。因此，对于墙体和现浇板的区域的大小和厚度要求并不是十分严格，只需保证矩形区域覆盖到需要生成套管的构件位置。

4.6.4 管道的套管及阻火圈布置

完成墙体和现浇板的建模后，就可以进行零星构件的建模操作，具体操作步骤如下：
步骤一：单击导航栏中给水排水专业中的"零星构件"构件类型，如图 4-88 所示。

图 4-88 单击"零星构件"构件类型

步骤二：单击"建模"菜单"识别零星构件"选项卡中"生成套管"按钮，如图 4-89 所示。

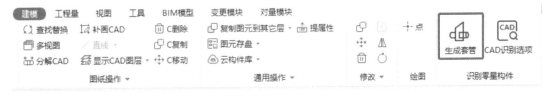

图 4-89 启动"生成套管"功能

步骤三：单击"墙体"选项卡添加或删除按钮，手动输入或单击下拉框选项按钮进行对应选择，完成外墙中刚性防水套管类型的设置，并将下方"圆形套管生成大小"调整为"大于管道 2 个规格型号的管径"；由于空洞土建施工完成，故取消勾选"生成孔洞"如图 4-90 所示。

步骤四：单击"楼板"选项卡"添加"按钮，手动输入或单击下拉框选项按钮进行对应选择，完成给水系统一般填料钢套管、污水系统、废水系统和雨水系统中阻火圈的设置，并将下方"圆形套管生成大小"调整为"大于管道 2 个规格型号的管径"；由于空洞土建施工完成，故取消勾选"生成孔洞"；最后，单击"确定"按钮，如图 4-91 所示。

图 4-90　穿墙套管生成设置调整

图 4-91　穿楼板套管生成设置调整

步骤五：弹出提示框提示生成套管的数量，再次单击"确定"按钮，所有楼层中套管的建模操作完成。

利用动态观察调整合适视角，检查套管以及安装位置的管道情况，穿外墙、楼板的管道位置均已加设对应的套管或阻火圈，如图 4-92 所示。

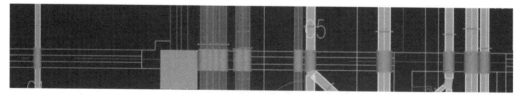

图 4-92　套管生成后的效果图

4.7　给水排水工程量汇总和报表预览

【知识要求】

掌握给水排水管道附件工程量汇总；会查看报表。

【技能要求】

能够应用造价软件对"工程量汇总和报表预览"进行操作。

【素养要求】

具有严谨、科学、细致的工作态度。

4.7.1 工程量汇总计算

完成模型的创建后，模型的工程量不会自动计算，需要启用软件对应的计算功能，才可得到工程量。工程量汇总计算的具体操作步骤如下：

步骤一：在"工程量"菜单"汇总"选项卡中，单击"汇总计算"按钮，如图 4-93 所示，弹出汇总计算对话框，如图 4-94（a）所示。

步骤二：单击图 4-94（a）中的"全选"图标按钮，则楼层列表中所有楼层将被选中，如图 4-94（b）所示。单击计算按钮，软件自动计算工程量。经过一段时间处理后，出现提示框提示工程量计算完成，如图 4-95 所示。

在步骤二中，单击计算后软件处理的时间长短，取决于选中的楼层模型图元数量、构件种类以及专业划分等因素。因此，需要根据实际使用情况，调整楼层勾选情况，可以单独计算某一层或某几层，不可将所有情况都采用"全选楼层"来计算，以免影响软件的使用速度。

图 4-93 启动"汇总计算"功能

(a) 全选前　　　　　　　　　(b) 全选后

图 4-94 "汇总计算"对话框

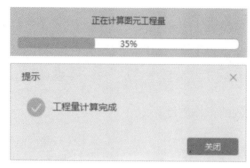

图 4-95　"正在计算"和"计算完成"提示框

2-8

给水排水"分类查看工程量及表格调整"演示

4.7.2　分类查看工程量及表格调整

软件工程量汇总计算完毕，并不会直接显示计算结果，需要启用对应的应用功能才能查看到汇总后的工程量。

1. 启用分类工程量

分类查看工程量是按照构件的类型进行工程量的查看，具体操作步骤如下：

步骤一：在"工程量"菜单"计算结果"选项卡中，单击"分类工程量"按钮，启用该功能，如图 4-96 所示。弹出"查看分类汇总工程量"对话框，如图 4-97 所示。

图 4-96　启动查看"分类工程量"功能

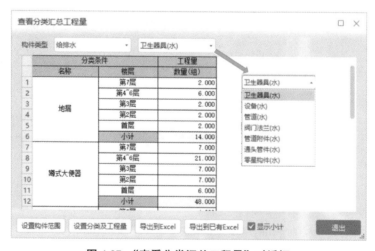

图 4-97　"查看分类汇总工程量"对话框

步骤二：在对话框中，工程量数据是按"工程专业"和"构件类型"进行分类。由于实例工程只有给水排水专业，因此，在第一栏下拉列表中没有其他专业，但如果模型中有多个专业，下拉列表中会出现多个专业。在第二栏选项下拉列表中，将显示在模型中已创建完成的构件类型。以本工程为例，可在"卫生器具""管道""阀门法兰""管道附件""通头管件"和"零星构件"之间进行选择，并且对话框中的表格内容也将显示不同的内容。如图 4-98 所示，在不改变构件类型的前提下，对话框表格显示的内容与最下方的设置选项按钮密切相关。

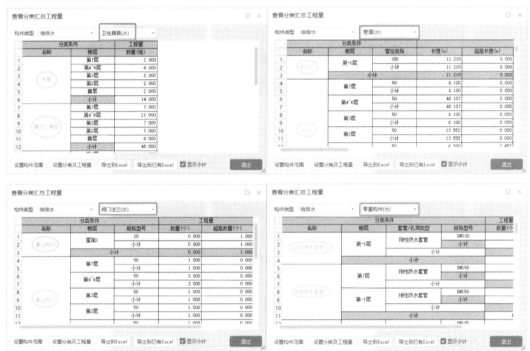

图 4-98 查看分类汇总工程量时不同构件类型对应的显示内容

2. 调整分类工程量表格显示

通过"查看分类汇总工程量"对话框中设置选项按钮不同的设置，可以调整分类工程量表格的显示内容。

（1）设置构件范围

单击"设置构件范围"按钮，在"楼层""构件类型"两种选项中调整构件选择范围，如图 4-99 所示，进而影响"分类工程量"的数据显示。

（2）设置分类及工程量

单击"设置分类"及"工程量"按钮，软件出现"设置分类条件及工程量输出"对话框，分为"构件类型""分类条件"及"构件工程量"三栏。第一栏"构件类型"显示正在设置的构件类型，第二栏"分类条件"和第三栏"构件工程量"将分别对"分类工程量"表格中对应的内容产生对应的影响，如图 4-100 所示。对"分类条件"中的不同选项进行勾选设置，调整"分类工程量"的显示内容，分类条件在图 4-100 中勾选"名称"和"楼层"，则图 4-101 中分类条件只显示名称与楼层；构件工程量在图 4-100 中勾选"数量（个）"和"超高数量（个）"，则图 4-101 中工程量只显示名称与楼层。

图 4-99　"设置构件范围"选项

图 4-100　"设置分类条件及工程量输出"对话框

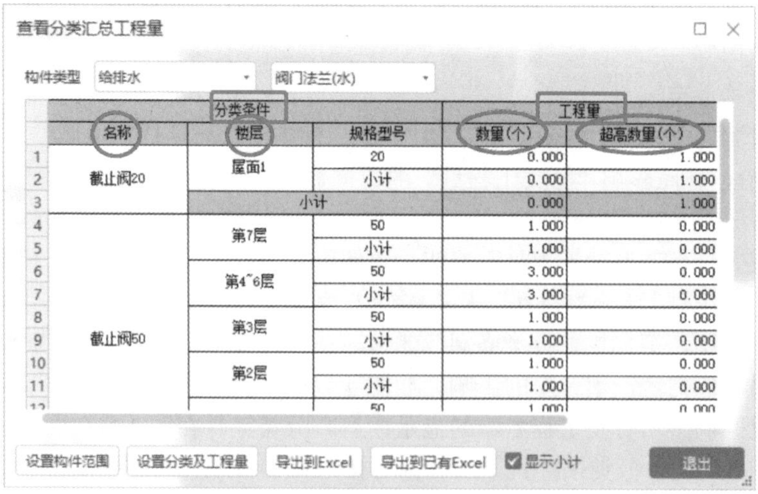

图 4-101　查看分类工程量

此外，在分类条件中，还有"上移"和"下移"按钮，可调整分类条件内容的显示层级关系，如图 4-100 所示。分类汇总工程量中小计是否显示，根据需要在图 4-101 中确定是否勾选"显示小计"。

设置构件工程量时，由于卫生器具只有"个数"可供选择，因此，这里以管道为例进行说明。在构件工程量中的显示标志中只勾选"长度""超高长度""竖井内长度""内表面积""外表面积""保护层面积"，可发现分类工程量表格中工程量栏会显示出所勾选的内容，因为工程中没有竖井，所以管道的竖井内没有长度，如图 4-102 所示。

查看分类汇总工程量

构件类型 给排水　　　管道(水)

		分类条件		工程量				
	名称	楼层	管径规格	长度(m)	超高长度(m)	内表面积(m2)	外表面积(m2)	保护层面积(m2)
1	FS100	第-1层	100	11.219	0.000	3.525	3.525	3.814
2			小计	11.219	0.000	3.525	3.525	3.814
3		小计		11.219	0.000	3.525	3.525	3.814
4	FS50	第7层	50	6.100	0.000	0.882	0.958	1.115
5			小计	6.100	0.000	0.882	0.958	1.115
6		第4~6层	50	48.107	0.000	6.952	7.557	8.796
7			小计	48.107	0.000	6.952	7.557	8.796
8		第3层	50	6.100	0.000	0.882	0.958	1.115
9			小计	6.100	0.000	0.882	0.958	1.115
10		第2层	50	13.552	0.000	1.958	2.129	2.478
11			小计	13.552	0.000	1.958	2.129	2.478
12		首层	50	6.200	7.452	1.973	2.144	2.496
13			小计	6.200	7.452	1.973	2.144	2.496
14		第-1层	50	5.333	0.000	0.771	0.838	0.975
15			小计	5.333	0.000	0.771	0.838	0.975
16		小计		85.392	7.452	13.418	14.584	16.975

图 4-102　管道查看分类工程量

分类工程量表格的显示内容，并没有严格的规定和标准，只需掌握调整选项的表格变化规律，即可根据需要调整相关选项。请按照如图 4-103 所示的表格情况自行调整，检验对该设置的掌握情况。

查看分类汇总工程量

构件类型 给排水　　　管道(水)

		分类条件			工程量				
	名称	材质	管径规格	楼层	长度(m)	超高长度(m)	内表面积(m2)	外表面积(m2)	保护层面积(m2)
1	FS100	排水用PVC-U	100	第-1层	11.219	0.000	3.525	3.525	3.814
2				小计	11.219	0.000	3.525	3.525	3.814
3			小计		11.219	0.000	3.525	3.525	3.814
4		小计			11.219	0.000	3.525	3.525	3.814
5	FS50	排水用PVC-U	50	第7层	6.100	0.000	0.882	0.958	1.115
6				第4~6层	48.107	0.000	6.952	7.557	8.796
7				第3层	6.100	0.000	0.882	0.958	1.115
8				第2层	13.552	0.000	1.958	2.129	2.478
9				首层	6.200	7.452	1.973	2.144	2.496
10				第-1层	5.333	0.000	0.771	0.838	0.975
11				小计	85.392	7.452	13.418	14.584	16.975
12			小计		85.392	7.452	13.418	14.584	16.975
13			小计		85.392	7.452	13.418	14.584	16.975
14	FS75	排水用PVC-U	75	第7层	2.900	0.000	0.641	0.683	0.758
15				第4~6层	27.447	0.000	6.070	6.467	7.174
16				第3层	3.400	0.000	0.752	0.801	0.889
17				第2层	7.712	0.000	1.706	1.817	2.016
18				首层	3.600	4.912	1.883	2.006	2.225
19				第-1层	9.188	0.200	2.076	2.212	2.454
20				小计	54.247	5.112	13.128	13.986	15.516
21			小计		54.247	5.112	13.128	13.986	15.516
22		小计			54.247	5.112	13.128	13.986	15.516

图 4-103　练习管道查看分类工程量表格

4.7.3　图元查量

分类工程量表格可以实现按楼层及构件类型去查看对应的工程量，但无法具体查看某个具体图元的工程量数据情况。如果需要查阅某个具体图元的工程量需要使用"图元查量"的功能。"图元查量"的具体操作步骤如下：

步骤一：在"工程量"菜单"计算结果"选项卡中，单击"图元查量"按钮，启用该功能，如图 4-104 所示。

图 4-104　启动"图元查量"功能

步骤二：根据状态栏内容提示，单击需要查看工程量的图元，这里以低区给水引入管为例，材质为钢塑复合管、规格为 DN65。单击低区给水引入管，则在绘图区域下方出现该选中图元的工程量及对应计算式，如图 4-105 所示。

	构件名称	工程量名称	倍数	工程量	计算式
1		长度(m)	1	2.226	(2.226)*1:(L1)*倍数
2	GS65	内表面积(m2)	1	0.465	(PI * 0.06650 * 2.226)*1:(π*D1*L1)*倍数
3		外表面积(m2)	1	0.528	(PI * 0.07550 * 2.226)*1:(π*D2*L1)*倍数
4		保护层面积(m2)	1	0.585	(PI*(0.07550 + 2.1 * 0.000 + 0.0082)*2.226)*1:(π*(D+2.1δ+0.0082)*L1)*倍数

图 4-105　绘图区域下方的工程量显示情况

步骤三：不退出该功能，框选选中的给水立管，绘图区域下方的图元工程量现实的内容发生较大变化，如图 4-106 所示。工程量内容中不再显示计算式，而上方选项卡也增加了一些其他内容，这是因为启用图元查量时，选中的是两个图元。随着选中的图元越来越多，除了增加对应工程量数据外，也会按照选中图元的情况，分项进行显示，如图 4-107 所示。还可以发现，启用图元查量时，当选中多个图元时，其工程量均不会显示计算式。所以如果需要查看图元工程量的计算式，使用软件时只能选中一个图元才能进行查看。

	构件名称	长度(m)	内表面积(m2)	外表面积(m2)	保护层面积(m2)
1	GS50	5.132	0.855	0.967	1.100

图 4-106　选中立管后图元基本工程量的变化

	构件名称	长度(m)	内表面积(m2)	外表面积(m2)	保护层面积(m2)
1	GS32	1.816	0.204	0.241	0.288
2	GS40	1.705	0.220	0.257	0.301
3	GS50	5.132	0.855	0.967	1.100
4	GS65	5.831	1.218	1.383	1.533
5	GS80	6.081	1.538	1.691	1.847

图 4-107　勾选多个构件图元基本工程量的显示

"图元查量"非常适合用来对管线类图元进行细节查量的情况。但是需要注意：进行图元查量时，不支持同时查看不同类型图元的工程量。使用时，务必在导航栏中选中对应的构件类型。如图 4-105～图 4-107 中查看的只是管道构件的图元基本工程量。

4.7.4　工程量报表查看

在实际工作中，需要将工程量汇总数据以较为正式的表格形式进行成果交付，这就需要用到软件的工程量报表预览功能，具体操作步骤如下：

步骤一：在"工程量"菜单"报表"选项卡中，单击"查看报表"按钮，如图 4-108 所示，软件进入查看报表界面。

图 4-108　启动"查看报表"功能

步骤二：在查看报表界面上方，存在一些选项按钮，如图 4-109 所示，可对报表进行对应管理和设置。如单击"表格模式"图标按钮，可实现表格数据在树状模式与表格模式两种模式间的切换，如图 4-110 和图 4-111 所示。

图 4-109　查看报表选项按钮

步骤三：用户可以使用导出数据功能导出所需要的 Excel 表格。

报表设置和管理选项中的其他功能操作都比较简单，请读者自行尝试。

给排水管道工程量汇总表

工程名称: 办公楼 　　　　　　　　　　　　　　　　　　　　　　　　　　　　　　　　第1页　共1页

项目名称	工程量名称	单位	工程量
∨ 管道			
镀锌钢管-100	长度(m)	m	332.486
	超高长度(m)	m	5.600
	内表面积(m2)	m2	112.586
	外表面积(m2)	m2	121.083
钢塑复合管-15	长度(m)	m	90.473
	内表面积(m2)	m2	4.491
	外表面积(m2)	m2	6.054
钢塑复合管-25	长度(m)	m	118.747
	内表面积(m2)	m2	9.513
	外表面积(m2)	m2	12.497
钢塑复合管-32	长度(m)	m	30.150
	内表面积(m2)	m2	3.391
	外表面积(m2)	m2	4.007
钢塑复合管-40	长度(m)	m	64.990
	内表面积(m2)	m2	8.371
	外表面积(m2)	m2	9.800
钢塑复合管-50	长度(m)	m	30.051
	超高长度(m)	m	1.400
	内表面积(m2)	m2	5.237
	外表面积(m2)	m2	5.928

图 4-110　树状模式报表

给排水管道工程量汇总表

工程名称: 办公楼 　　　　　　　　　　　　　　　　　　　　　　　　　　　　　　　　第1页　共2页

计算项目	材质-规格型号	工程量名称	单位	工程量
管道	镀锌钢管-100	长度(m)	m	332.486
		超高长度(m)	m	5.600
		内表面积(m2)	m2	112.586
		外表面积(m2)	m2	121.083
	钢塑复合管-15	长度(m)	m	90.473
		内表面积(m2)	m2	4.491
		外表面积(m2)	m2	6.054
	钢塑复合管-25	长度(m)	m	118.747
		内表面积(m2)	m2	9.513
		外表面积(m2)	m2	12.497
	钢塑复合管-32	长度(m)	m	30.150
		内表面积(m2)	m2	3.391
		外表面积(m2)	m2	4.007
	钢塑复合管-40	长度(m)	m	64.990
		内表面积(m2)	m2	8.371
		外表面积(m2)	m2	9.800
	钢塑复合管-50	长度(m)	m	30.051
		超高长度(m)	m	1.400
		内表面积(m2)	m2	5.237
		外表面积(m2)	m2	5.928
	钢塑复合管-65	长度(m)	m	20.781
		超高长度(m)	m	0.200
		内表面积(m2)	m2	4.383
		外表面积(m2)	m2	4.977
	钢塑复合管-80	长度(m)	m	36.394
		超高长度(m)	m	1.200
		内表面积(m2)	m2	9.507
		外表面积(m2)	m2	10.452
	排水用PVC-U-100	长度(m)	m	11.219
		内表面积(m2)	m2	3.525

图 4-111　表格模式报表

编者有话说

　　给水排水数字计量是一项程序性很强的工作，造价人员需要很好地理解软件设计者的设计思路，软件计量顺序与手工算量存在明显不同。比如，先进行点式构件的识别，再进行线型构件的识别，这是出于管线定位和自动连接等多方面考虑的结果。如果不按既定顺序，则容易出错或增加不必要的工作量。

　　随着科技进步，计量软件也在不断更新，造价行业要求新一代造价人员对数字化计量软件能够进行熟练操作，不断学习，不断将最新的造价技术应用在实践工作中。

课后习题

一、单项选择题

1. 给水排水工程中管道安装的工程量计算单位是（　　）。

A. m　　　　　　　　B. 个　　　　　　　　C. m^2　　　　　　　　D. kg

2. 要进行阀门等附件的工程量统计，必须完成（　　）的建模工作。

A. 卫生器具　　　　B. 管道　　　　　　C. 水泵　　　　　　　D. 套管

3. 建模工作完成后要进行工程量查看，必须先进行（　　）。

A. 保存　　　　　　B. 套做法　　　　　C. 汇总计算　　　　　D. 查看报表

4. 管道建模完成后，启动"生成套管"功能，提示生成套管数量为0，可能是因为（　　）。

A. 未识别楼板　　　B. 未识别套管　　　C. 未识别阀门　　　　D. 未识别墙体

5. 以下哪个是"沿墙暗敷"的代号？（　　）

A. FC　　　　　　　B. CC　　　　　　　C. WC　　　　　　　　D. CE

6. 识别卫生器具和用水设备首要了解其（　　）。

A. 类型　　　　　　B. 数量　　　　　　C. 安装方式　　　　　D. 接管方式

二、判断题

1. 管道变径点可以是三通处。（　　）

2. 在进行"设备提量"的时候，要设置连接点。（　　）

3. 不选中卫生器具，可以修改卫生器具的标高。（　　）

三、简答题

1. 简述利用GQI2021算量软件进行给水排水工程建模的顺序。

2. 简述完成阀门建模的操作流程。

3. 简述一下怎么汇总地漏的工程量。

4. 进行"设备提量"时，有的图例没有识别上怎么办？

5. 给水排水水平干管建模主要采用哪几种操作方式？

6. 入户管长度的设置方法主要有哪几种？

7. 测量两点间距离主要有哪几种方法？

8. 生成立管模型的方式主要有哪几种？

9. 卫生间给水排水横支管主要采用哪几种方式建模？

10. 连接卫生器具的支立管在软件中如何自动生成？

11. 如何调整CAD图比例？

第5章　数字计价软件说明

内容提要

本章主要介绍 GCCP6.0 计价软件的基本功能，重点阐述了 GCCP6.0 计价软件的主界面，分析了 GCCP6.0 计价软件的使用流程，为工程造价初学者提供了一定的参考价值。

思维导图

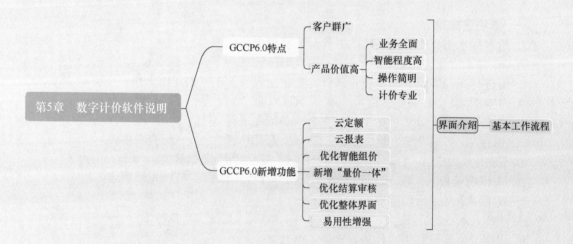

5.1 GCCP 软件基本功能

【知识要求】

熟悉 GCCP6.0 计价软件的基本功能，了解 GCCP6.0 计价软件的优点。

【技能要求】

具有熟练操作 GCCP6.0 计价软件的能力，具有较强的团队协作、独立工作的能力。

【素养要求】

培养团队协作、履职尽责的责任担当精神。

5.1.1 软件基本介绍

云计价 GCCP6.0 满足国标清单及市场清单两种业务模式，覆盖了民建工程造价全专业、全岗位、全过程的计价业务场景，通过"端＋云＋大数据"产品形态，旨在解决造价作业效率低、企业数据应用难等问题，助力企业实现作业高效化、数据标准化、应用智能化，达成造价数字化管理的目标。其基本功能如图 5-1 所示。

1. 面向客户

具有工程造价编制和管理业务的单位与部门，如建设单位、咨询公司、施工单位、设计院等。

2. 产品价值

图 5-1　基本功能示意图

（1）全面

"概预结审"全业务覆盖，各阶段工程数据互通、无缝切换，各专业灵活拆分，支持多人协作，工程编制及数据流转高效快捷。

（2）智能

智能组价、智能提量、在线报表提高了"组价、提量、成果文件输出"等各阶段的工作效率，新技术带来新体验。

（3）简单

单位工程快速新建、全费用与非全费用一键转换、定额换算一目了然，计算准确、操作便捷、容易上手。

（4）专业

支持全国所有地区计价规范，支持各业务阶段专业费用的计算，快速响应新文件、新定额、新接口专业。

5.1.2　软件基本功能

相比 GCCP5.0 来说，多出以下功能：

1. 新增云定额功能

（1）数据库免安装

做外省工程时无需安装定额库，可在线应用，软件安装效率呈指数级增长。

（2）政策响应快

通过云端服务，最新政策文件（勘误、费率文件等）实现快速在线更新。政策文件更新后，软件会同步提示，在线秒级更新，工作更便捷。

2. 新增云报表功能，报表可智能识别，模板入云

（1）提供"3000＋"云端海量报表方案，支持 PDF、Excel 在线智能识别搜索，个性化报表直接应用

操作步骤：单击"报表页签"—"在线报表"，可以上传报表模板去搜索，也可以根据报表名称的关键字进行搜索。

（2）支持个人报表及企业报表模板入云，同时可支持企业内部共享使用

操作步骤：勾选需要保存的报表，右键，添加在线报表。

3. 优化智能组价功能

（1）智能组价，推荐历史组价数据，快速完成组价

（2）智能识别，效率和准确度大幅提升，实现一键智能组价，提高编制效率

（3）提供在线云检查功能，快速分析清单组价合理性，提高组价准确性，准确率提升至 90％

（4）新增"工程数据"，扩大了现有组价数据来源

操作步骤：单击智能组价—选择匹配形式—立即组价—查看组价结果。

4. 新增量价一体功能

（1）建立计价中清单子目和算量中构件的关联关系，实现快速提量，提量效率提升 50％

操作步骤：量价一体化—导入算量文件（GTJ2018/GTJ2021），再次单击量价一体化—提取图形工程量，根据相应规则判断筛选算量软件中的工程量，快速提取构件工程量。

（2）计价软件在核量时提供反查图形功能，可快速定位至算量软件

操作步骤：选中清单项之后，单击反查图形工程量，在列表里右键—定位到算量文件。

（3）算量工程变更后，可在计价软件中一键更新工程，实现量价实时更新

操作步骤：算量软件变更之后进行汇总计算并且保存，在计价软件中单击量价一体化—刷新工程量，便可一键更新工程量。

（4）构件漏提——筛选

可快速查看是否有遗漏的构件，筛选已提取构件、未提取构件。

（5）清单漏项——显示未提取工程量清单，方便查看是否有清单未进行提量

① 可根据自身工程或个人习惯，建立规则库，用于后期工程提量复用，提高后期工程提量效率。

② 通过人工智能技术一键提取工程量，可选择按个人规则库提量或按系统规则库提量。

5. 优化结算审核功能

（1）合同内允许新增分部、清单、定额，相同材料沿用合同内价格；与原合同差异颜色标识区分

操作步骤：单击菜单栏上面的插入/补充—选择清单/子目，新插入或补充的清单/子目颜色和原合同内的清单会有区分。

（2）结算支持拆分合并多人分工协作，支持结算工程导入、导出

操作步骤：以导出结算工程为例，单击导入导出—导出结算工程—勾选需要导出的单位工程单击确定，弹出结算工程导出完成的窗口，再次单击确定。

（3）结算合同内措施项目提供多种总价措施结算方式，可根据项目的合同约定任何方式自由选择

操作步骤：先选择需要调整的措施项，然后在菜单栏上面选择需要的结算方式即可。

6. 优化整体界面

（1）工作台功能模块划分更清晰直观

软件打开之后工作台各模块、界面划分清晰，功能分布直观。

（2）一键新建项目直达主界面，免去重复单击"下一步"的操作

操作步骤：单击新建预算—选择对应要新建的模块—填写工程信息选择清单定额库—单击立即新建。

（3）工程内按专业一键新建单位工程，新建更流畅

操作步骤：单击快速新建工程—选择需要的专业快速进行新建。

（4）属性框位置可调，可根据使用习惯做切换

操作步骤：软件界面右下方有显示排列方式，可直接单击切换调整。

（5）编辑区字体大小可调，满足用户的不同视觉需求

操作步骤：字体大小可以直接在软件右下方"＋""－"进行放大或者缩小的调整。

7. 功能易用性优化

（1）增加批量修改工程名称

操作步骤：选中单位工程名称右键—批量修改名称，弹出批量修改名称的窗口，勾选需要调整的单位工程，在右侧可以对名称进行查找替换，或者给工程名称批量地添加前缀。

（2）工程内新增全费用与非全费用

操作步骤：菜单栏上方增加了全费用切换功能，可以单击自由切换。

（3）标注换算增加批注，标注原始换算依据出处及定额原文

操作步骤：选中定额，单击标准换算，换算列表右上方会有红色三角标记，鼠标放到对应位置即可查看。

（4）功能区分为自动复用组价和提取已有组价功能，各功能重新梳理排布

① 自动复用组价

操作步骤：单击复用组价—自动复用组价，选择本工程或者历史工程里源工程及要复用的清单，再选择组价范围及要复用到的工程，最后单击自动组价，就可以把组价复用过去。

② 提取已有组价

操作步骤：单击复用组价—提取已有组价，在源工程里选择要提取（替换）组价的清单，选择工程来源（本工程、历史工程），再选择过滤条件，再次单击到过滤出来的清单/组价上面，单击添加组价或者替换组价，这样就可以快速地把需要的组价提取出来。

5.2　GCCP 软件界面介绍

【知识要求】

了解计价软件的基本界面，熟悉主界面的构成。

【技能要求】

具有识别主界面上不同部分区别的能力，尤其是对功能区的熟练使用。

【素养要求】

树立立足岗位、敢于迎难而上、苦练本领的远大理想。

5.2.1　登录界面

可以输入用户名和密码，也可以直接离线登录，如图 5-2 所示。

图 5-2　登录界面

5.2.2 主界面

主界面由以下几部分组成，如图 5-3 所示。

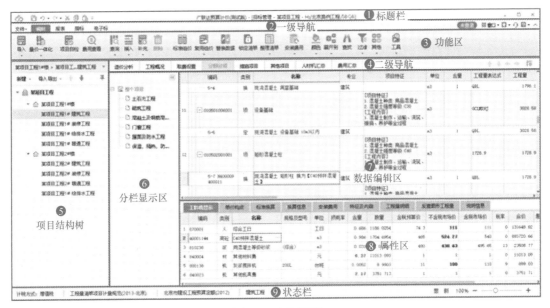

图 5-3　主要界面

（1）标题栏：包含保存、撤销、恢复，剪切、复制、粘贴和呈现您正在编辑工程的标题名称。

（2）一级导航：包含文件、编制、报表、指标、电子标及账号、窗口、升级、帮助等。

（3）功能区：随着界面的切换，功能区包含的内容不同。

（4）二级导航：用户在编制过程中需要切换页签完成工作。

（5）项目结构树：左边导航栏可切换到不同的工程界面，同时支持解除锁定项目结构。

（6）分栏显示区：显示整个项目下的分部结构，单击分部实现按分部显示，可关闭此窗口。

（7）数据编辑区：切换到每个界面，都有自己特有的数据编辑界面供用户操作，这部分是用户的主操作区域。

（8）属性窗口：默认泊靠在界面下边垂直排列，也可水平排列，可隐藏此窗口。

（9）状态栏：呈现所选的计税方式、清单、定额、专业等信息。

5.2.3 一级导航

一级导航由下面 12 部分组成，如图 5-4 所示。

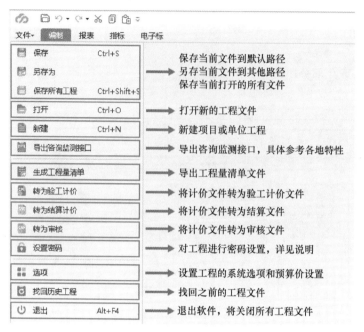

图 5-4　一级导航界面

1. 文件

关于设置密码，如图 5-5 所示。

注意红色方框中的内容，新密码是空的时候，即表示密码取消了。密码一定要牢记，如果密码忘记，工程将无法打开。

2. 编制

编制工程，用户的主操作区。

3. 报表

对编制完的工程进行报表查看。

4. 指标

查看工程的指标。

5. 电子标

进行招标投标电子标的导出。

6. 用户信息

显示登录的信息、造价云管理平台和微社区互动，如图 5-6 所示。

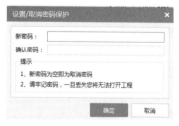

图 5-5　密码设置界面

图 5-6　用户信息界面

7. 窗口

包含水平排列、垂直排列和平铺形式，及显示所有工程文件信息，如图 5-7 所示。

图 5-7　窗口显示界面

8. 立即更新

包含立即更新、查看软件信息、查看硬件信息，如图 5-8 所示。

图 5-8　窗口更新界面

9. 智能客服

时刻陪伴您的智能客服，如图 5-9 所示。

10. 帮助

包含帮助、新版特性、云应用操作流程、答疑解惑，如图 5-10 所示。

图 5-9　智能客服界面

图 5-10　帮助界面

11. 展开折叠

对功能区进行展开折叠，如图 5-11 所示。

图 5-11　展开折叠界面

135

5.3 软件基本工作流程

【知识要求】

了解计价软件的使用基本流程，熟悉如何创建项目工程。

【技能要求】

具有利用软件建立项目工程的能力，具有较强的独立工作能力和沟通协调能力。

【素养要求】

培养一丝不苟、精益求精的工匠精神。

5.3.1 创建工程

打开软件，进入图 5-12 所示的界面，左侧有新建概算、预算、结算和审核功能。概算是设计阶段用的；预算是招标、投标、新建单位工程和做结算文件时用的；结算是将预算文件导入转为结算文件；审核是比对两份文件。我们应用最多的是新建预算。

步骤一：单击"新建预算"，进入图 5-12 所示界面。

图 5-12　新建预算

步骤二：根据自身工程性质，选择地区、招标项目、投标项目、定额项目、单位工程清单、单位工程/定额。

工程地点结合实际工程而定；招标项目是建设单位制作招标文件时使用的；投标项目是施工方投标时使用的；定额和单位工程/定额是在定额计价方式下创建，现在几乎用不到；单位工程/清单是一个单位工程时使用的。清单现在依旧采用《建设工程工程量清单计价规范》GB 50500—2013，定额要按工程所在地最新的规定。

步骤三：以新建招标项目为例，输入名称、项目编码；选择地区标准、定额标准、计税方式，单击"立即新建"。如图5-13所示。

图5-13　新建招标项目

5.3.2　填写项目信息

建立完工程后需要记录项目的相关信息，例如项目的编号、名称、编制时间、建筑面积等，其步骤如下：

步骤一：选择项目结构树的项目名称，然后单击二级导航栏的"项目信息"，即可看到项目信息、造价一览、编制说明等，然后单击"项目信息"，即可看到项目信息列表。

步骤二：根据项目实际情况，填写列表中的基本信息和招标信息。注意如有红色字体信息，在导出电子标书时，该部分为必填项。如果做投标，项目信息中红字的内容一定要填写完整，没有的可以不填。

步骤三：切换到"编制说明"，填写说明。在编辑区域内，单击"编辑"，然后根据工程概况、编制依据等信息编写编制说明，并且可以根据需要，对字体、格式等进行调整。

其他步骤省略，可以参考相应的计量及计价章节内容。

编者有话说

　　随着我国网络技术的不断发展以及计算机软硬件的不断更新，在编制工程造价的过程中，数字计价软件的作用日益凸显。数字计价软件不仅可以降低工作人员的劳动强度，而且还能有效提高工作效率和数据的准确性。因此，长远来看，计价软件的应用不仅是在数据的处理和共享上，在未来可能能够实现智能化甚至模糊化。

课后练习

一、填空题

1. 云计价 GCCP6.0 满足＿＿＿＿＿＿＿及＿＿＿＿＿＿＿两种业务模式。

2. 投标人的投标价一旦超过＿＿＿＿＿＿＿，其投标应予以拒绝。

3. 招标人在招标文件中除了应该公布＿＿＿＿＿＿＿，还应公布＿＿＿＿＿＿＿＿＿。

二、多项选择题

1. GCCP6.0 相比 GCCP5.0 来说，多出很多功能。其中新增云定额功能包括（　　　）。

A. 数据库免安装　　　B. 快速完成组价　　　C. 政策响应快　　　D. 一键智能组价

E. 定额更新快

2. GCCP6.0 在产品价值方面有哪些优点？（　　　）

A. 全面　　　　　　　B. 智能　　　　　　　C. 简单　　　　　　D. 专业

E. 复杂

3. GCCP6.0 的主界面包括哪些内容？（　　　）

A. 标题栏　　　　　　B. 数据编辑区　　　　C. 功能区　　　　　D. 项目结构树

E. 一级、二级导航

4. "设置密码" 这一功能在哪个导航区？（　　　）

A. 一级导航　　　　　B. 二级导航　　　　　C. 三级导航　　　　D. 四级导航

E. 五级导航

5. 创建工程界面有哪几个选项？（　　　）

A. 新建概算　　　　　B. 预算　　　　　　　C. 结算　　　　　　D. 审核

E. 估算

▶▶ 第6章 工程计价准备

内容提要

本章主要介绍我国现行清单计价规范《建设工程工程量清单计价规范》GB 50500—2013和湖南省现行建设工程计价办法《湖南省建设工程计价办法（2020年版）》与湖南省安装工程消耗量定额《湖南省安装工程消耗量标准（2020年版）》。

本章还讲述本工程项目在编制招标控制价之前，应该明确的有关影响计价的相关前置条件。只有了解本项目所有有关计价的影响因素，才能够在编制招标控制价时，正确选用消耗量定额子目，正确选取当期信息价，正确选择有关费率和税率。

思维导图

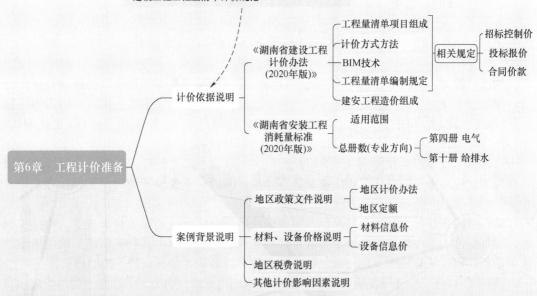

6.1　主要计价依据说明

【知识要求】

了解《建设工程工程量清单计价规范》GB 50500—2013 的实施背景和适用范围，熟悉《湖南省建设工程计价办法（2020 年版）》的主体要求，掌握《湖南省安装工程消耗量标准（2020 年版）》中水电专业的主要标准说明和费用计算规定。

【技能要求】

能够根据项目需要选择正确的计费程序，能够对分部分项工程量设置正确的清单编码和套取正确的定额，能够根据项目情况利用软件完成规费和其他项目费等费率的设定。

【素养要求】

培养积极探索、不断了解和学习行业知识的职业素养。

6.1.1　《建设工程工程量清单计价规范》GB 50500—2013

为规范建设工程施工发包与承包计价行为，统一建设工程工程量清单的编制和计价方法，根据《中华人民共和国建筑法》《中华人民共和国合同法》《中华人民共和国招标投标法》，制定本规范。由中华人民共和国住房和城乡建设部于 2012 年 12 月 25 日正式颁布，于 2013 年 7 月 1 日正式实施。该规范为目前我国现行计价规范。

全部使用国有资金投资或以国有资金投资为主（以下二者简称国有资金投资）的建设工程施工发包与承包，必须采用工程量清单计价。非国有资金投资的建设工程，宜采用工程量清单计价。

规范适用于建设工程发包与承包及实施阶段的计价活动。招标工程量清单、招标控制价、投标报价、工程价款结算等工程造价文件的编制与核对应由具有资格的工程造价专业人员承担。建设工程施工发包与承包计价活动应遵循客观、公正、公平的原则。

规范规定，建设工程发包与承包及实施阶段的工程造价应由分部分项工程费、措施项目费、其他项目费、规费和税金组成。分部分项工程和措施项目清单应采用综合单价计价。

招标工程量清单标明的工程量是投标人投标报价的共同基础，竣工结算的工程量按发、承包双方在合同中约定应予计量且实际完成的工程量确定。措施项目清单中的安全文明施工费应按照国家或省级、行业建设主管部门的规定计价，不得作为竞争性费用。规费和税金应按国家或省级、行业建设主管部门的规定计算，不得作为竞争性费用。

6.1.2　《湖南省建设工程计价办法（2020 年版）》

湖南省住房和城乡建设厅于 2020 年 4 月 15 日发布"关于印发 2020《湖南省建设工程

计价办法》及《湖南省建设工程消耗量标准》的通知"。本办法为湖南省现行核心计价依据。

通知明确指出"'计价办法'和'消耗量标准'适用于湖南省行政区域内的建筑工程、装饰工程、安装工程、市政工程、市政排水设施维护工程、仿古建筑工程、园林绿化工程发承包及实施阶段的工程计价"。同时，通知指出"本通知自 2020 年 10 月 1 日开始施行"。

《湖南省建设工程计价办法（2020 年版）》共计 13 章和 6 篇附录，从"通用性描述（1～3 章）、发承包阶段（4～6 章）、实施阶段（7～12 章）、完结阶段（13 章）、费用构成、造价组成、费税标准、相关表格"等角度完整阐述各阶段造价该如何编制。

《湖南省建设工程计价办法（2020 年版）》明确规定如下：

一、工程量清单项目组成

1. 工程量清单项目由分部分项工程项目清单、措施项目清单、其他项目清单、增值税组成。

2. 分部分项工程项目清单由一个或若干个分项项目清单组成。

3. 措施项目清单由以工程数量与相应综合单价进行价款计算的单价措施项目清单、总价（或计算基础乘费率）进行价款计算的总价措施项目、绿色施工安全防护措施清单组成。

4. 其他项目清单由暂列金额项目、材料暂估价、专业工程暂估项目、分部分项工程暂估项目、计日工项目、总承包服务费、优质工程增加费、安全责任险、环境保护税、提前竣工措施增加费、索赔签证等项目组成。

二、计价方式方法

1. 湖南省行政区域内使用国有资金投资的建设工程，包括建筑工程、装饰工程、安装工程、市政工程、仿古建筑工程、园林景观工程、城市轨道交通工程以及市政排水设施维护等工程的工程计价，应采用工程量清单计价。

2. 非国有资金投资的建设工程，可采用工程量清单计价。

3. 不采用工程量清单计价的建设工程，应执行本办法除工程量清单等专门规定外的其他规定。

4. 工程量清单应采用综合单价计价。

5. 组成综合单价的人工费、材料、施工机具使用费、企业管理费、利润等，按国家或省市行业建设主管部门的规定划分。

6. 综合单价应包含一定范围和幅度内风险的费用。

7. 绿色施工安全防护措施项目清单应按国家或省级建设行政主管部门的规定计算，不得作为竞争性费用。

8. 增值税项目清单应按政府有关主管部门的规定计算费用。

三、建筑信息模型（BIM）应用

1. 建设项目宜提供建筑信息模型（BIM），建筑信息模型（BIM）的数据格式宜遵循发承包双方约定的交付标准。

2. 采用建筑信息模型（BIM）技术的建设项目，BIM 技术服务费参考《湖南省建设项目建筑信息模型（BIM）技术服务计费参考依据》进行计算。

四、工程量清单编制的一般规定

1. 招标工程量清单应由具有编制能力的招标人或受其委托具有相应资质的工程造价咨询人编制和复核。

2. 工程量清单应根据相关工程现行国家计量规范的规定编制和复核。根据工程项目特点进行补充完善的，应在招标文件和合同文件中予以说明。

3. 招标工程量清单应以合同标的为单位编制，并作为招标文件的组成部分，招标工程量清单的准确性和完整性由招标人负责。

4. 招标工程量清单是工程量清单计价的基础，应作为编制招标控制价、投标报价、计算或调整工程量、索赔等的依据之一。

5. 工程量清单的项目特征应依据设计图纸并结合工程要求进行编制和复核。

五、招标控制价编制的一般规定

1. 依法招标的工程应实行工程量清单招标，并应编制招标控制价。

2. 招标控制价应由具有编制能力的招标人或受其委托具有相应资质的工程造价咨询人编制和复核。

3. 工程造价咨询人接受招标人委托编制或复核招标控制价，不得再就同一工程接受投标人委托编制投标报价。

4. 当招标控制价超过批准的概算时，招标人应将调整概算报原概算审批部门审核。

5. 招标人在发布招标文件时应当公布招标控制价的总价，以及各单位工程的分部分项工程费、措施项目费、其他项目费和增值税。同时应将招标控制价及有关资料报送建设行政主管部门备查。

六、投标报价编制的一般规定

1. 投标价应由投标人或受其委托具有相应资质的工程造价咨询人编制。

2. 投标人的投标报价高于招标控制价的其投标无效。

3. 投标人应依据有关规定自主确定投标报价。但投标报价不得低于工程成本。

七、合同价款约定的一般规定

1. 实行招标的工程合同价款应在中标通知书发出之日起30天内，由发承包双方依据招标文件和中标人的投标文件在书面合同中约定。合同约定不得违背招标、投标文件中关于工期、造价、质量等方面的实质性内容。

2. 不实行招标的工程合同价款，应在发承包双方认可的工程价款基础上，由发承包双方在合同中约定。

八、建筑安装工程费用构成要素

建筑安装工程费按照费用构成要素划分，由人工费、材料费、施工机具使用费、企业管理费、利润和增值税组成。

1. 人工费：是指按工资总额构成规定，支付给从事建筑安装工程施工的生产工人和附属生产单位工人的各项费用。

2. 材料费：是指施工过程中耗费的原材料、辅助材料、构配件、零件、半成品或成品、工程设备的费用。

3. 施工机具使用费（简称机械费）：是指施工作业所发生的施工机械、仪器仪表使用费或其租赁费。

4. 企业管理费：是指建筑安装企业组织施工生产和经营管理所需的费用。

5. 利润：承包人完成合同工程获得的盈利。

6. 增值税：增值税是以商品（含应税劳务）在流转过程中产生的增值额作为计税依据而征收的一种流转税。

九、建筑安装工程造价组成内容

建筑安装工程费按照工程造价形成，由分部分项工程费、措施项目费、其他项目费和增值税组成，其中分部分项工程费、措施项目费、其他项目费包含人工费、材料费、施工机具使用费、企业管理费和利润。

1. 分部分项工程费：是指各专业工程（或单位工程）的分部分项工程应予列支的各项费用。

2. 措施项目费：是指为完成工程项目施工，发生于该工程施工准备和施工过程中的技术、生活、安全、绿色施工（节能、节地、节水、节材、环境保护）等方面的费用。内容包括：

（1）单价措施项目：如大型机械设备进出场及安拆费、大型机械设备基础、脚手架工程费、二次搬运费、排水降水费、各专业工程措施项目及其包含的内容详见国家工程量计算规范。

（2）总价措施项目：如夜间施工增加费、冬雨期施工增加费、压缩工期措施增加费、已完工程及设备保护费、工程定位复测费、专业工程中的有关措施项目费。

（3）绿色施工安全防护措施项目费：包括安全文明施工费和绿色施工措施费。其中，安全文明施工费包括1）安全生产费，2）文明施工费，3）环境保护费，4）临时设施费。绿色施工措施费是指施工现场为达到环保部门绿色施工要求所需要的费用，包括扬尘控制措施费（场地硬化、扬尘喷淋、雾炮机、扬尘监控和场地绿化）、施工人员实名制管理及施工场地视频监控系统、场内道路、排水沟及临时管网、施工围挡等费用。

3. 其他项目费。

4. 增值税：增值税是以商品（含应税劳务）在流转过程中产生的增值额作为计税依据而征收的一种流转税。增值税条件下，计税方法包括一般计税法和简易计税法。

十、建筑安装工程费用标准

1. 安装工程的企业管理费费率为 32.16%，计费基数为人工费；企业利润费率为 20%，计费基数为人工费。其中，人工费取费基数包括分部分项工程和单价措施项目中的人工费及人工费调整部分。

2. 招标投标时，绿色施工安全防护措施项目费按人工费的 11.5% 计算；其中，安全生产费按人工费的 10% 计算。

3. 结算时，绿色施工安全文明防护措施费包含固定费率部分及按工程量计算部分；固定费率部分按人工费的 7% 计算。

4. 安全责任险、环境保护税的取费基数为：分部分项工程费＋措施项目费，费率为 1%。

5. 增值税税率：1）销项税额（一般计税法）计费基础为"税前造价"，税率为 9%；2）应纳税额（简易计税法）计费基础为"税前造价"，税率为 3%。

十一、常见工程造价术语见附件一。比如，绿色施工安全防护措施项目费是指在工程合同履行过程中，承包人为保证绿色施工（节能、节地、节水、节材、环境保护）、安全文明施工和搭拆临时设施等所发生的措施项目费用；"建筑信息模型"是指在建设工程及设施全生命周期内，对其物理和功能特性进行数字化表达，并依此设计、施工、运营的过程和结果的总称。

6.1.3　《湖南省安装工程消耗量标准（2020 年版）》

《湖南省安装工程消耗量标准（2020 年版）》是以《通用安装工程工程量计算规范》GB 50856—2013 为蓝本，在《湖南省安装工程消耗量标准》（2014 版）基础上，结合湖南省工程实际，根据国家现行相关标准和有关规范编辑的。本定额是湖南省现行定额，湖南省内安装工程项目自 2020 年 10 月 1 日起，凡新建设项目需照此执行。

《湖南省安装工程消耗量标准（2020 年版）》根据安装工程小专业分类，包括电气设备安装工程、通风空调工程、消防工程、给水排水供暖燃气工程等共计 12 册专业册（第一册机械设备安装工程；第二册热力设备安装工程；第三册静置设备与工艺金属结构制作安装工程；第四册电气设备安装工程；第五册建筑智能化工程；第六册自动化控制仪表安装工程；第七册通风空调工程；第八册工业管道工程；第九册消防工程；第十册给水排水、供暖、燃气工程；第十一册通信设备及线路工程；第十二册刷油、防腐蚀、绝热工程）。全本共计 111 章 826 节，18202 个子目。

《湖南省安装工程消耗量标准（2020 年版）》总说明指出：

一、本标准是编制施工图预算、工程量清单、招标控制价（或标底价）、合同价款结算的依据；是调解处理工程造价纠纷和鉴定工程造价的依据；是编制工程概算定额（指标）、估算指标的基础；是编制企业定额、投标报价的参考。

二、本标准适用于工业与民用建筑的新建、扩建通用安装工程。

三、本标准按照正常施工组织和施工条件，大多数施工企业采用的施工方法、机械化装备程度，合理的工期和劳动组织进行编制。

四、人工不分工种、技术等级、工资单价，以完成单位工程量所需全部人工费表示。内容包括基本用工、超运距用工、人工幅度差、辅助用工所发生的计时工资或计件工资、奖金、津贴补贴、加班加点工资、特殊情况下支付的工资、社会保险费及住房公积金。

五、本标准中的材料包括施工中使用的安装材料和消耗性材料。安装材料中未计价材料，以"（××）"表示。消耗性材料包括施工中消耗的材料、辅助材料、周转材料和其他材料。

1. 本标准中材料消耗量包括净用量和损耗量。损耗量包括从工地仓库、现场集中堆放地点（或现场加工地点）至操作（或安装）地点的施工场内运输损耗、施工操作损耗、施工现场堆放损耗等。

2. 本标准中的周转性材料按照不同施工方法，考虑不同工程项目类别，选取不同材料规格综合计算出一次摊销量进入本标准。

3. 对于用量少、低值易耗的零星材料，合并为其他材料费，以"元"形式体现。

4. 除另有说明外，施工用水、电已全部计入消耗量。

六、关于机械：

1. 本标准中的机械按常用机械、合理机械配备和施工企业的机械化装备程度，并结合工程实际综合确定。

2. 本标准的机械台班消耗量是按正常机械施工工效、施工的合理间歇，并考虑机械幅度差综合取定。

3. 凡单位原值2000元以内、使用年限在一年以内的小型施工机械，不列入机械台班消耗量，作为工具用具在建筑安装工程费中的企业管理费中考虑，其消耗的燃料动力等已列入材料费内。

七、本标准注有"××以内"或"××以下"者，均包括××本身；"××以外"或"××以上"者，则不包括××本身。

《第四册电气设备安装工程》（以下简称"本标准"）有关说明如下：

本标准适用于工业与民用建筑的新建、扩建工程中10kV以下变配电设备及线路安装工程、车间动力电气设备及电气照明器具、防雷及接地装置安装、配管配线、电气调整试验等的安装工程。包括：变压器，配电装置，母线、绝缘子，控制设备及低压电器，蓄电池，电机，滑触线装置，电缆，防雷及接地装置，10kV以下架空线路，电气调整，配管、配线，照明器具，路灯设备安装，共14章。

一、本标准的工作内容除各章节已说明的工序外，还包括施工准备、设备与器材及工器具的场内搬运、开箱检查、组装、收尾、清理、配合质量检验、工种间交叉配合、临时移动水源和电源等工作内容。

二、本标准不包括电压等级大于10kV配电、输电、用电设备及装置安装。工程应用时，应执行电力行业相关定额。

三、电气设备及装置配合机械设备进行单体试运和联合试运工作内容。发电、输电、配电、用电分系统调试执行本册标准第十一章电气调整相应项目。

四、关于下列各项费用的规定：

1. 脚手架搭拆费：按人工费的5%计算，其中人工占35%（10kV以下架空线路、装饰灯具及路灯工程除外）。

2. 操作高度增加费：操作物高度距离楼地面5m以上时，超过部分工程量其人工费按乘以表6-1中的系数计算（已考虑了超高因素的项目除外，如：滑触线及支架安装、避雷针安装、半导体少长针消雷装置安装、投光灯、碘钨灯、氙气灯、烟囱或水塔指示灯、装饰灯具、路灯设备安装及10kV以下架空线路等）。

操作高度增加费系数　　　　　　　　　　　　　　表6-1

操作物高度（m）	≤20m	≤30m	>30m
系数	1.2	1.3	甲乙双方协商

3. 高层施工增加费：指在建筑物层数大于6层或高度大于20m以上、地下深度10m以上的工业与民用建筑上进行安装时施工增加的费用，按表6-2计算。

高层施工增加费率　　　　　　　　　　　表 6-2

建筑物层数	12 层以下(40m)	18 层以下(60m)	24 层以下(80m)	30 层以下(100m)
按人工费的(%)	2.4	4.0	5.8	7.4
建筑物层数	36 层以下(120m)	42 层以下(140m)	48 层以下(160m)	54 层以下(180m)
按人工费的(%)	9.1	10.9	12.6	14.3
建筑物层数	60 层以下(200m)	66 层以下(220m)	72 层以下(240m)	78 层以下(260m)
按人工费的(%)	16	17.7	19.4	21.1

五、安装主要材料的损耗量已包含在项目的材料消耗量中（项目中未明确的，按第四册册说明中规定的损耗率计算）。

《第十册给水排水、供暖、燃气工程》（以下简称"本标准"）有关说明如下：

本标准适用于工业与民用建筑的生活给水排水、供暖、空调水、燃气系统中的管道、附件、器具及附属设备等安装工程。包括：管道安装，管道附件安装，阀门、浮标液面计、水位标尺制作安装，低压器具、水表组成安装，卫生器具制作安装，供暖器具安装，医疗气体设备及附件安装，供暖、给水设备安装，燃气管道、附件安装，共9章。

一、关于下列各项费用的规定

1. 脚手架搭拆费：按人工费的5%计算，其中人工占35%（单独承担的埋地管道工程，不计取该项费用）。

2. 操作高度增加费：操作物高度距离楼地面5m以上时，超过部分工程量其人工费按乘以表6-3中的系数计算。

操作高度增加费系数　　　　　　　　　　表 6-3

操作物高度(m)	≤20	≤30	>30
系数	1.2	1.3	甲乙双方协商

3. 高层施工增加费：指在建筑物层数大于6层或高度大于20m、地下深10m以上的工业与民用建筑上进行安装时施工增加的费用，按表6-4计算。

高层施工增加费率　　　　　　　　　　　表 6-4

建筑物层数	12 层以下(40m)	18 层以下(60m)	24 层以下(80m)	30 层以下(100m)
按人工费的(%)	2.4	4.0	5.8	7.4
建筑物层数	36 层以下(120m)	42 层以下(140m)	48 层以下(160m)	54 层以下(180m)
按人工费的(%)	9.1	10.9	12.6	14.3
建筑物层数	60 层以下(200m)	66 层以下(220m)	72 层以下(240m)	78 层以下(260m)
按人工费的(%)	16	17.7	19.4	21.1

二、本册与市政管网工程的界限划分

1. 给水、供暖管道以与市政管道碰头点或以计量表、阀门（井）为界。

2. 室外排水管道以与市政管道碰头井为界。

3. 燃气管道，以与市政管道碰头点为界。

随着市场不断发展，新产品和新材料投入使用，使得生产力水平在不断向前发展。同时，随着计算机技术、AI人工智能、5G等新技术的推广应用，工程造价的管理方法也在不断革新。这一切使得每隔几年，国家和地区就会修改或颁布新的法规和计价办法来适应行业发展水平，定额也在不断地发生变化。所以，造价行业是一个需要不断学习不断进取的行业，每一位造价从业者都需要具备终身学习的良好心态，积极面对一切变化，主动拥抱新知识，采用新方法。

6.2 教材案例计价的有关说明

【知识要求】

了解项目计价具有唯一性和特殊性，了解项目影响造价的有关因素，熟悉安装工程软件计价的准备工作有哪些。

【技能要求】

能够根据项目的性质、所在地和建设时间，选取正确的计价方式、计价办法和专业定额；能够明确计价中应采用的主要材料和设备价格的来源和查询方式。

【素养要求】

培养严谨认真、一丝不苟的职业素养。

6.2.1 教材案例项目所在地区计价影响因素

"长沙××公司办公楼项目"为湖南省长沙市在建项目。作为2023年3月招标的新建项目，应当依据湖南省现行计价办法，即《湖南省建设工程计价办法（2020年版）》进行组价，同时，应当采取湖南省现行安装定额，即《湖南省安装工程消耗量标准（2020年版）》进行套价。

6.2.2 教材案例项目采用主材及设备价格

本教材以"长沙××公司办公楼项目"电气工程和给水排水工程招标控制价编制为例进行说明。本项目于2023年3月完成招标控制价编制，并于当月进行公开招标，其项目招标控制价编制时的人工、主材及设备价格，应当采用2023年2月湖南省长沙市建设工程造价管理站公布的最新信息价（其他价格需自行查询补充）。

6.2.3　教材案例项目相关费率说明

（1）湖南省 2020 计价办法规定，湖南省分部分项工程费中现行管理费费率为 32.16%，现行利润率为 20%，计费基数为分部分项人工费。

（2）湖南省 2020 计价办法规定，措施项目费由单价措施项目、总价措施项目和绿色施工安全防护措施项目三项构成。其中，绿色施工安全防护措施项目在招标投标阶段和施工结算阶段计取方式有所不同，招标投标阶段采用固定费率法（安装工程是以分部分项工程和单价措施项目的人工费合计作为计费基数，乘以 11.5%，其中 10% 为安全生产费）计取；结算阶段采用固定费率 7% 部分和按工程量计算部分两部分的总和计取。

（3）湖南省 2020 计价办法规定，采用一般计税法计算销项税额，计费基础是税前造价，综合费率为 9%；采用简易计税法计算应纳税额，计费基础是税前造价，综合费率是 3%。

6.2.4　教材案例项目其他计价说明

“长沙某办公楼项目”地处湖南省长沙市雨花区，周边地势平坦，交通便利。项目所在地土质状况较好，为普通平地项目，不涉及山区定额转换；本项目使用主材和设备均为普通常见材料和设备，不涉及特殊定额转换；本项目电气工程和给水排水工程使用设备不需要进行专项脚手架搭建，不产生有关脚手架的单价措施项目；本项目未采用矿物电缆、垂直通道电缆等。

出于教学目的，结合工程实际，本项目做出以下设定：

（1）本项目设置发生一项计日工“为甲方进行临时办公管理用房电路工程整修”，共计 3 工日，工日单价为 260 元/工日；

（2）本项目设置“甲方要求以分部分项工程费的 5% 作为不可预见费”；

（3）本项目设置“总承包服务费”，计费方式为分部分项工程费的 3%；

（4）本项目设置“甲供材料”，使用材料暂估价。其中，电气工程中的照明配电箱 1AL~7AL 价格为 2500 元/台；总动力配电柜 BAL 为 3500 元/台；总动力配电柜 ZAL 为 4500 元/台；照明配电箱 DAL 价格为 800 元/台。

编者有话说

　　我国幅员辽阔，在住房和城乡建设部的领导下，各地区实行略有差异的计价办法和定额。作为造价工作者，需要根据项目所在地的相关规定从事造价工作，要求我们熟知当地的各项造价政策和市场行情。一个好的造价工作者，一定是工作严谨认真、知识储备丰富的；一个好的造价工作者，一定是具备快速的学习能力、能够适应不同地区政策差异的。

课后习题 🔍

一、单项选择题

1. 以下哪项不符合《建设工程工程量清单计价规范》GB 50500—2013 有关规定?（　　）

A. 招标工程量清单标明的工程量是投标人投标报价的共同基础,竣工结算的工程量按发、承包双方在合同中约定应予计量且实际完成的工程量确定

B. 全部使用国有资金投资或国有资金投资为主(以下二者简称国有资金投资)的建设工程施工发承包,必须采用工程量清单计价

C. 招标工程量清单、招标控制价、投标报价、工程价款结算等工程造价文件的编制与核对应由造价咨询公司相关人员承担

D. 措施项目清单中的安全文明施工费应按照国家或省级、行业建设主管部门的规定计价,不得作为竞争性费用

2. 以下哪项不符合《湖南省建设工程计价办法（2020 年版)》的明确规定?（　　）

A. 湖南省行政区域内使用国有资金投资的建设工程,包括建筑工程、装饰工程、安装工程、市政工程、仿古建筑工程、园林景观工程、城市轨道交通工程以及市政排水设施维护等工程的工程计价,应采用工程量清单计价

B. 工程量清单应采用综合单价计价。综合单价应包含一定范围和幅度内风险的费用

C. 招标投标时,绿色施工安全防护措施项目费按人工费的 11.5% 计算；其中,安全生产费按绿色施工安全防护措施项目费的 10% 计算

D. 结算时,绿色施工安全文明防护措施费包含固定费率部分及按工程量计算部分；固定费率部分按人工费的 7% 计算

3. 以下哪项不符合《湖南省安装工程消耗量标准（2020 年版)》的明确规定?（　　）

A. 本标准是编制施工图预算、工程量清单、招标控制价（或标底价）、合同价款结算的依据；是调解处理工程造价纠纷和鉴定工程造价的依据；是编制工程概算定额（指标）、估算指标的基础；是编制企业定额、投标报价的参考

B. 本标准按照正常施工组织和施工条件,大多数施工企业采用的施工方法、机械化装备程度,合理的工期和劳动组织进行编制

C. 本标准中人工区分工种、技术等级、工资单价,以完成单位工程量所需人工费表示

D. 本标准注有"××以内"或"××以下"者,均包括×× 本身；"×× 以外"或"×× 以上"者,则不包括×× 本身

二、判断题

1. 规费和税金应按国家或省级、行业建设主管部门的规定计算,不得作为竞争性费用。（　　）

2.《建设工程工程量清单计价规范》GB 50500—2013 规定,建设工程发承包及实施阶段的工程造价应由分部分项工程费、措施项目费、其他项目费、规费和税金组成。（　　）

3.《建设工程工程量清单计价规范》GB 50500—2013 规定,非国有资金投资的建设工程,也应该采用工程量清单计价。（　　）

4.《建设工程工程量清单计价规范》GB 50500—2013 规定,建设工程施工发承包计价活动应遵循客观、公正、公平的原则。（　　）

第7章 编制招标控制价

内容提要

　　本章主要讲述招标控制价的概念，结合广联达云计价软件（以下简称 GCCP）罗列编制招标控制价的流程，依据实训任务单完成给水排水和电气安装工程招标控制价的编制。

思维导图

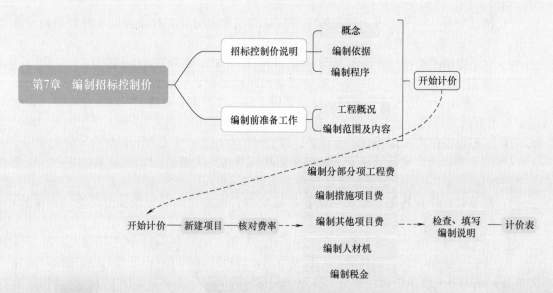

7.1 招标控制价

【知识要求】

掌握招标控制价的概念，了解招标控制价的编制依据，熟悉招标控制价的编制程序。

【技能要求】

具有辨析招标控制价与传统标底不同之处的能力。

【素养要求】

培养具有敬业精神和责任心、能遵守职业道德规范的职业素养。

7.1.1 招标控制价的概念

根据《建设工程工程量清单计价规范》GB 50500—2013 中的规定，招标控制价是招标人根据国家或省级、行业建设主管部门颁发的有关计价依据和办法，以及拟定的招标文件和招标工程量清单，结合工程具体情况编制的招标工程的最高限价。

招标控制价是为了严格区别于原先招标标底的概念而专门设立的一个新术语，要求招标人必须在招标文件中予以公布，投标人的投标价一旦超过此价，其投标应予以拒绝。招标人在招标文件中不能只公布招标控制价的总价，还应公布招标控制价各个组成部分的详细内容。

7.1.2 招标控制价的编制依据

根据《建设工程工程量清单计价规范》GB 50500—2013 的规定，招标控制价应按照下列依据进行编制与复核：

（1）《通用安装工程工程量计算规范》GB 50856—2013。

（2）国家或省级、行业建设主管部门颁发的计价定额和计价办法。

（3）建设工程设计文件及相关资料。

（4）拟定的招标文件及招标工程量清单。

（5）与建设项目相关的标准、规范、技术资料。

（6）施工现场情况、工程特点及常规施工方案。

（7）工程造价管理机构发布的工程造价信息；工程造价信息没有发布的，参照市场价。

（8）其他的相关资料。

7.1.3　招标控制价的编制程序

（1）熟悉图样，收集资料。

（2）计算工程量，编制工程量清单。

（3）根据编制完成的工程量清单，结合具体工程实际情况编制分部分项工程费用。

（4）计算措施项目费及其他相关费用。

（5）汇总单位工程费。

（6）计算主要技术经济指标：每平方米造价＝工程总造价/建筑面积。

（7）制作编制说明及封面。

下面以湖南长沙××办公楼的水、电安装工程为载体，介绍如何编制招标控制价。

7.2　准备工作

【知识要求】

了解编制招标控制价之前需要做哪些准备工作。

【技能要求】

具有熟练运用 Office 办公软件的能力，具有良好的沟通能力及协调能力。

【素养要求】

培养细致耐心、一丝不苟的工匠精神。

7.2.1　工程概况

详见第 2 章所述。

7.2.2　编制范围及内容

1. 编制范围

该工程的给水排水系统、电气系统。

2. 编制依据

（1）《建设工程工程量清单计价规范》GB 50500—2013、《通用安装工程工程量计算规范》GB 50856—2013、《湖南省建设工程计价办法（2020 年版）》及配套解释文件、相关规定。

（2）国家或省级、行业建设主管部门颁发的计价定额和计价办法。

（3）建设工程设计文件及相关资料。

（4）招标文件中的工程量清单及有关要求。

（5）与建设项目相关的标准、规范、技术资料。

（6）工程造价管理机构发布的工程造价信息，工程造价信息没有发布的参照市场价。

（7）其他相关资料。主要指施工现场情况、工程特点及常规施工方案等。

3. 编制内容

（1）根据当地现行造价文件相关要求，应用计价软件对本项目工程量清单进行计价，内容包括：分部分项工程和单价措施项目工程量清单、总价措施项目、其他项目、规费项目及增值税等。

（2）生成招标控制价文件，内容包括：封面、扉页、总说明、单位工程招标控制价总价汇总表、分部分项工程和单价措施项目清单与计价表、工程量清单综合单价分析表、总价措施项目清单与计价表、其他项目清单与计价汇总表、暂列金额明细表、规费及税金项目清单与计价表、主要材料与工程设备一览表等。

4. 编制要求

（1）除暂估材料及甲供材料外，材料价格按"2022 年 3 月湖南省长沙市市场价格"执行。

（2）人工费按 80 元/工日计算。

（3）税金按增值税标准"一般纳税人标准 3％"计取。

（4）安全文明施工费按规定计取。

（5）考虑总承包服务费，按分部分项工程费的 3 计取％。

7.3　新建项目

【知识要求】

熟悉利用软件进行新建项目的具体步骤。

【技能要求】

具有快速准确地新建一个工程项目的能力。

【素养要求】

养成严谨认真、一丝不苟的职业习惯。

步骤一：双击桌面上的 GCCP 软件快捷图标，弹出对话框，如图 7-1 所示。

步骤二：在主界面上，根据自身工程性质，选择地区及项目类型，本案例工程地点为湖南，选择招标项目。接着填写项目名称、选定地区标准、定额标准、计税方式等相关信

3-1

招标控制价"新建项目（完善信息、核费率）"演示

图 7-1　主界面

息后，点击"立即新建"，如图 7-2 所示。

图 7-2　新建工程

步骤三：然后点击二级导航栏的"项目信息"，即可看到项目信息、造价一览、编制说明等，然后点击"项目信息"，即可看到项目信息列表。根据项目实际情况，填写列表中的基本信息和招标信息；注意如有红色字体信息，该部分为必填项，如图 7-3 所示。

步骤四：点击项目结构树"单项工程"→"快速新建单位工程"（或"新建单位工程"）→"安装工程"，如图 7-4 所示。根据本案例的要求，需要新建两个单位工程。

右键点击"安装工程"→"重命名"，或者双击"安装工程"，对其修改名称，如图 7-5 所示。

图 7-3　工程信息完善

图 7-4　新建单位工程

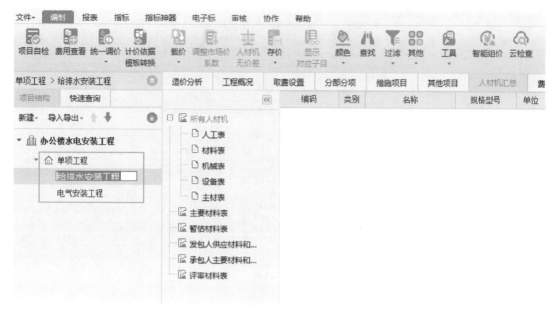

图 7-5　修改单位工程名称

7.4　核对费率

【知识要求】

了解不同地区的工程费率规定，掌握取费设置的流程。

【技能要求】

能够利用所学知识结合工程当地选取合适的费率。

【素养要求】

养成独立分析问题的职业习惯。

取费设置是整个工程编制造价的基础，主要是选择不同费用的取费费率以及执行的政策文件，其步骤如下：

步骤一：一级导航切换到"编制"，鼠标单击到项目节点（湖南长沙××办公楼），二级导航切换到"取费设置"选项，如图 7-6 所示。

步骤二：针对项目特点，设置费用条件，依据当地文件，对于需要更改的费率做修改。鼠标单击"管理费"，然后单击"查询费率信息"，选择定额库的下拉菜单，可以选择合适的标准，如图 7-7 和图 7-8 所示。其他管理费、利润、措施费等操作步骤与此相同。

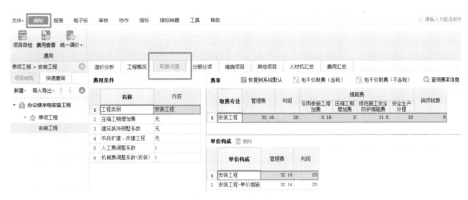

图 7-6 取费设置

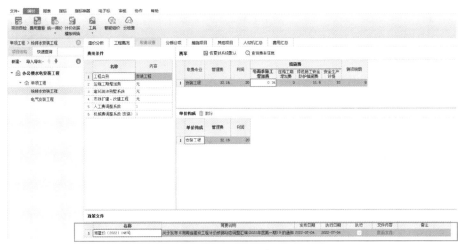

图 7-7 当地的政策文件

图 7-8 查询费率

步骤三：当工程的费率设置完成后，取费就设置完成了，相应的单位工程—电气工程和给水排水工程的取费就会按照该设置来执行。

7.5　编制分部分项工程费

【知识要求】

熟悉编制分部分项工程费用的整个流程。

【技能要求】

能够熟练地利用软件进行分部分项工程费用的编制。

【素养要求】

养成良好的心理素质，增强应对压力和挫折的能力。

3-2

招标控制价"编制分部分项工程费"演示

本节以给水排水工程为例，进行分析。

步骤一，选择需要计价的单位工程，鼠标单击项目结构树"给排水安装工程"，二级导航切换到"分部分项"，图 7-9 就是分部分项工程计价界面。

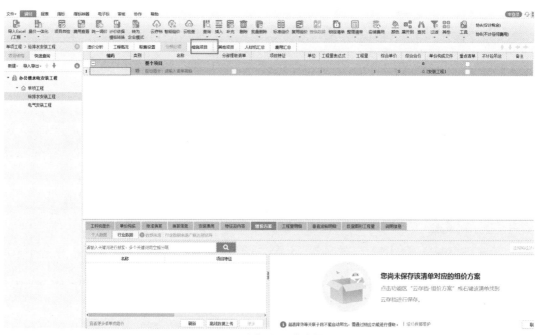

图 7-9　分部分项计价界面

步骤二：单击上面功能区"查询"选项，可查询想要的清单或定额，将鼠标定位到清单或定额行，双击进行清单定额的套取，或者在数据编辑区直接输入清单或定额的编号也可直接进行清单定额的套取，详见图 7-10。功能区导航栏的"插入"选项，可插入多条清单或子目。

(a) 通过"查询"套取清单定额

(b) 在"数据编辑区"套取清单定额

图 7-10 清单或定额的输入

注意，这个过程中，需要将工程量逐一输入，相对来说比较麻烦。如果工程量提前已经算好，可以利用一级导航栏"量价一体化"—"导入算量文件"，找到相应的工程量文件，单击"导入"即可，如图 7-11 所示。

步骤三：在属性区完成清单项目特征及内容的编写，同时对需要进行定额换算的完成换算，如图 7-12 和图 7-13 所示。

注意：

（1）在编写项目特征时一定要结合设计图纸的设计施工说明及其具体的工作内容，以

159

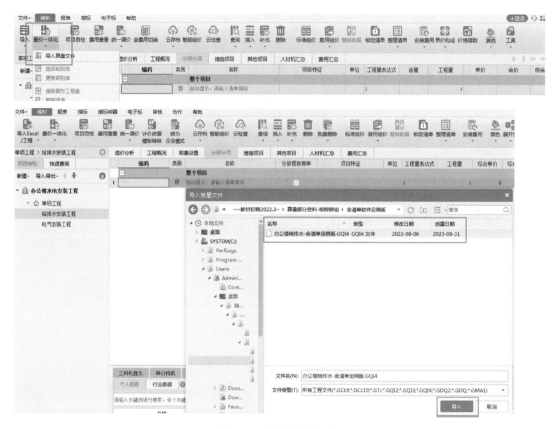

图 7-11　导入算量文件

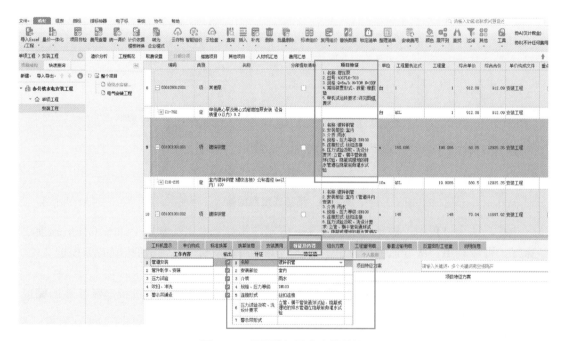

图 7-12　项目特征及内容的编写

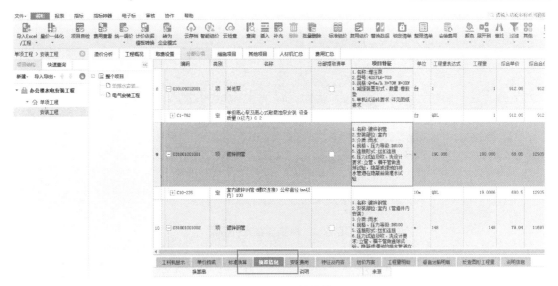

图 7-13 项目的换算

免编写错误。如镀锌钢管 DN100 的项目特征，在编写时，要对名称、安装部位、介质、规格及压力等级、连接形式、压力试验等信息进行描述。项目特征描述准确与否直接影响到定额套取的准确性。

（2）清单子目中的项目组成，一个清单中可能包含几个或多个工作项目，也可能由多个定额子目组成，因此必须认真分析，做到心中有数，防止漏项，以免造成计价的偏差。

（3）清单子目包括一个或多个定额子目，在编制招标控制价时还需要按照清单的实际项目组成与定额的工程量计算规则再次计算相应的工程量。

7.6 编制措施项目费

【知识要求】

熟悉编制措施项目费用的整个流程。

【技能要求】

能够熟练地利用软件进行措施项目费用的编制。

【素养要求】

具备兢兢业业、精益求精、一丝不苟的敬业精神。

措施项目费包括单价措施项目费和总价措施项目费。总价措施项目包括安全文明施工、夜间施工、非夜间施工照明、二次搬运、冬雨季施工、已完工程及设备保护、工程定位复测等；单价措施项目包括脚手架、综合脚手架、现浇混凝土模板及支架、垂直运输、

3-3

招标控制价"编制措施项目费"演示

超高施工增加、大型机械设备进出场及安拆、施工排水、降水等。在计价时，需要按照施工合同约定和相关部分的规定计算。

将二级导航切换到"措施项目"，图 7-14 是措施项目工程计价界面。

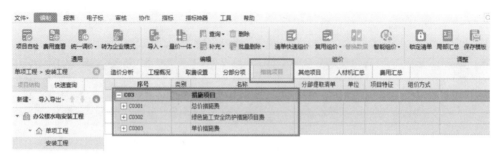

图 7-14　措施项目计价界面

措施费一般有两种形式：一种是定额措施费，一种是一般措施费（或者叫通用措施费）。编制时，一般措施费直接给出费率即可，定额措施费在主界面上直接添加定额即可，如图 7-15 所示。

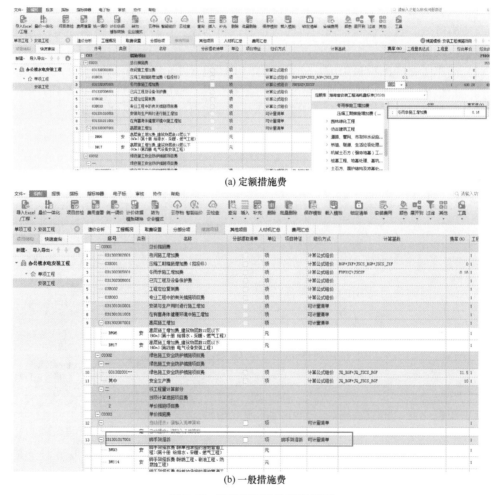

(a) 定额措施费

(b) 一般措施费

图 7-15　措施项目费的编制界面

7.7 编制其他项目费

【知识要求】

熟悉编制措施项目费用的整个流程。

【技能要求】

能够熟练地利用软件进行措施项目费用的编制。

【素养要求】

树立积极向上、助人为乐的价值取向。

3-4

招标控制价"编制其他项目费"演示

其他项目清单是应招标人的特殊要求而发生的与拟建工程有关的其他费用项目和相应数量的清单。

二级导航切换到"其他项目",图 7-16 是其他项目计价界面。

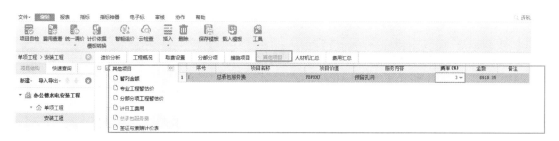

图 7-16 其他项目计价界面

计费时,先单击左侧分栏显示区需要编辑的费用名称,再单击主数据编辑区进行编辑,输入名称、计算基数、费率、实际的金额即可。如图 7-17 所示为计日工费用的编辑过程。

如果需要添加费用行数,可以用鼠标右键单击"插入费用行"。

图 7-17 计日工费用

7.8 编制人材机

3-5

招标控制价
"编制人材
机"演示

【知识要求】

熟悉编制人材机费用的整个流程。

【技能要求】

能够熟练地利用软件进行人材机费用的编制。

【素养要求】

树立积极正确的人生观和价值观。

以上编制工作结束后，还需在人材机汇总界面载入市场价文件，完成市场价调整。通常可采用批量载价或载入市场价文件两种方式。对于个别比较特殊的材料也可通过手动修改材料市场价，完成调价工作。

7.8.1 批量载价

步骤一：在二级导航栏选择"人材机汇总"，单击功能区中"载价"，选择"批量载价"，如图 7-18 所示。

图 7-18　批量载价

步骤二：在功能区弹出的窗口中，根据工程实际选择需要载入的地区以及具体日期的信息价，然后单击"下一步"，将自动下载信息价，如图 7-19 所示。

图 7-19　信息价下载界面

步骤三：在载价结果预览窗口，可以看到待载价格和信息价，根据实际情况也可以手动更改待载价格，完成后单击"下一步"完成载价，如图 7-20 所示。

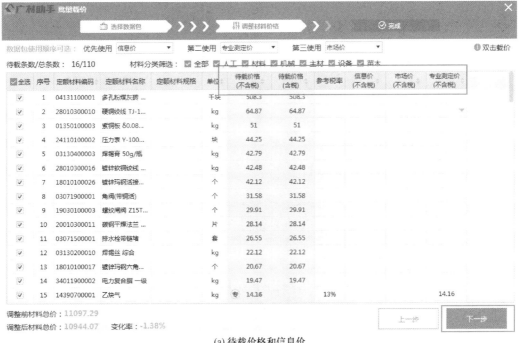

(a) 待载价格和信息价

图 7-20　完成载价（一）

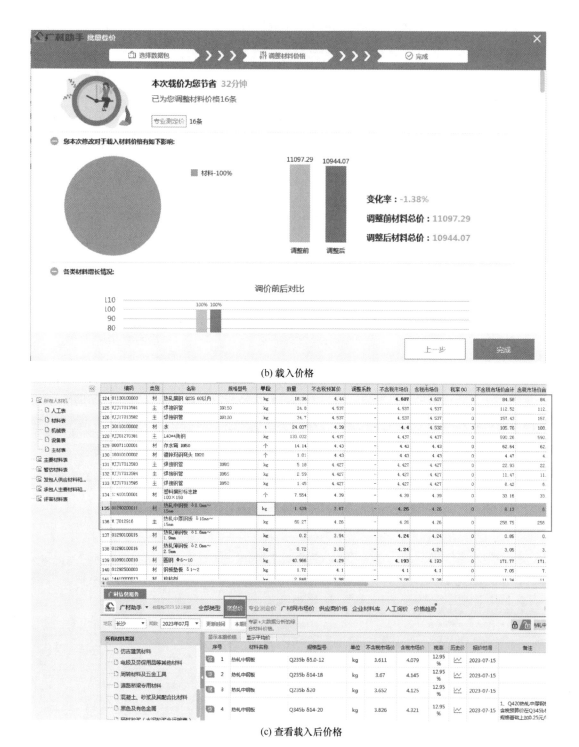

(b) 载入价格

(c) 查看载入后价格

图 7-20 完成载价（二）

步骤四：完成载价或调整价格后，可以看到市场价的变化，并且在价格来源列可以看到价格的来源，如图 7-21 所示。

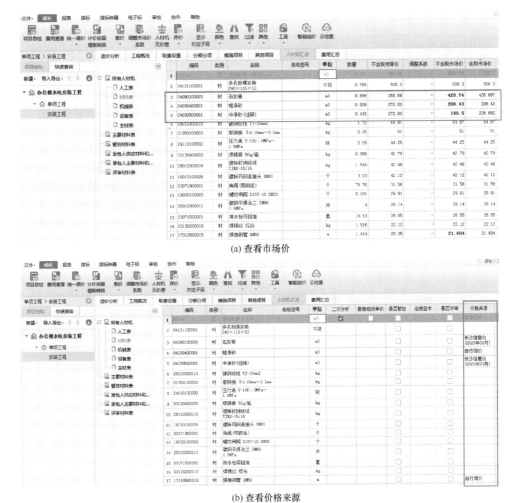

(a) 查看市场价

(b) 查看价格来源

图 7-21 人材机价格的调整

7.8.2 载入 Excel 市场价文件

步骤一：单击功能区的"载价"，选择"载入 Excel 市场价文件"，如图 7-22 所示。

步骤二：在弹出的窗口中，选择需要载入的 Excel 表市场价文件，单击"打开"，如图 7-23 所示。

图 7-22 载入市场价文件

步骤三：对载入的 Excel 表市场价文件进行"识别行"和"识别列"，然后根据需要选择 Excel 表中材料与工程材料匹配方式，然后单击"导入"，如图 7-24 所示。

步骤四：Excel 表材料价格载入完成，如图 7-25 所示。

本案例采用的是批量载入信息价。

图 7-23　打开市场价文件

导入 Excel 市场价文件

Excel表：C:/Users/glodon/Desktop/标段人材机汇总.xls　　选择

数据表：市场价文件

识别列　识别行　全部选择　全部取消　　○ 仅编码匹配　● 仅部分匹配　○ 全字段匹配

	A	B	C	D	E	F	G	H	I	J
1				材料号	名称	规格	单位	不含税市场价	含税市场价	税率
2	选择	标识	序号	A	B	C	D	E	F	G
3	☑	无效行	1	编码	名称	规格型号	单位	不含税市场价	含税市场价	税率
4	☑	材料	2	8T0001	综合工日		工日	111	111	0
5	☑	材料	3	8T0002	综合工日		工日	111	111	0
6	☑	材料	4	8T0003	综合工日		工日	111	111	0
7	☑	材料	5	8T0004	综合工日		工日	112	112	0
8	☑	材料	6	8T0005	综合工日		工日	103	103	0
9	☑	材料	7	BGFTZ	人工费调整		元	1	1	0
10	☑	材料	8	010004	冷轧带肋钢筋网片		kg	2.77	3.13	13
11	☑	材料	9	010013	型钢		kg	4.389	4.96	13
12	☑	材料	10	010152	工字钢		kg	3.513	3.97	13
13	☑	材料	11	01036T	镀锌钢板		kg	4.673	5.28	13
14	☑	材料	12	020006	加气混凝土块		m3	678.8	767	0
15	☑	材料	13	030001	板方材		m3	1638	1850.94	13
16	☑	材料	14	030003	木模板		m3	1508.63	1704.75	13
17	☑	材料	15	030013	HDRBQ-R2吸音板		m2	14.66	16.57	13

□ 只载价　　　　　　　　　　　　　　　　　　　　　　导入

图 7-24　导入市场价

取费设置　分部分项　措施项目　其他项目　人材机汇总　费用汇总　　　　☑ 不含税市场价合计:19269.2

	编码	类别	名称	规格型号	单位	调整系数	不含税市场价	含税市场价	税率(%)	不含税市场价合计	含税市场价合计	供货方式
1	34110200001	材	电		kW·h		0.707	0.799	13	17.71	20.02	自行采购
2	01030100003	材	冷拔低碳钢丝 Φ1.6		kg		4.66	5.263	12.95	63.81	72.07	自行采购
3	01090100010	材	圆钢 Φ6～10		kg		4.193	4.736	12.95	171.77	194.01	自行采购
4	01130100003	材	热轧扁钢 Q235 60以内		kg		4.607	5.204	12.95	84.58	95.55	自行采购
5	01130300001	材	镀锌扁钢 25×4		kg		5.607	6.333	12.95	75.69	85.5	自行采购
6	01130300002	材	镀锌扁钢 40×4		kg		5.607	6.333	12.95	8.07	9.12	自行采购
7	01130300003	材	镀锌扁钢 60×6		kg		5.607	6.333	12.95	45.2	51.05	自行采购
8	01290100015	材	热轧薄钢板 δ1.6mm～1.9mm		kg		4.24	4.789	12.95	0.85	0.96	自行采购
9	01290100016	材	热轧薄钢板 δ2.0mm～2.5mm		kg		4.24	4.789	12.95	3.05	3.45	自行采购
10	01290200011	材	热轧中钢板 δ8.0mm～15mm		kg		4.26	4.812	12.95	6.13	6.92	自行采购
11	01292500003	材	钢板垫板 δ1～2		kg		4.1	4.631	12.95	7.05	7.97	自行采购
12	01350100003	材	紫铜板 δ0.08mm～0.2mm		kg		51	57.605	12.95	2.55	2.88	自行采购
13	02010100002	材	橡胶板 1mm～3mm		kg		3.6	4.066	12.95	2.08	2.35	自行采购

图 7-25　完成价格载入

7.9 编制税金

【知识要求】

了解规费、税金项目的组成内容，熟悉规费、税金项目的编制方法。

【技能要求】

能够熟练地编制规费、税金费用。

【素养要求】

培养高尚的道德情操和追求。

7.9.1 基本术语解释

规费和税金必须按国家或省级、行业建设主管部门规定计算。

（1）规费是指根据国家法律、法规规定，由省级政府或省级有关权力部门规定施工企业必须缴纳的，应计入建筑安装工程造价的费用。

（2）税金是指国家税法规定的应计入建筑安装工程造价内的营业税、城市维护建设税、教育费附加和地方教育附加。

7.9.2 规范相关规定

（1）规费项目清单应按照下列内容列项：社会保险费（包括养老保险、失业保险、医疗保险、生育保险费）、住房公积金及工程排污费，未列项目应根据省级政府或省级主管部门的规定列项。

（2）税金项目应包括营业税、城市维护建设税、教育费附加和地方教育附加，未列项目应根据税务部门的有关规定列项。

（3）规费税金必须按国家或省级、行业建设主管部门的规定计算，不得作为竞争性费用。

7.10 检查及填写编制说明

【知识要求】

了解造价最后要检查的项目，熟悉编制说明填写的主要内容。

3-6

招标控制价"填写'编制说明'演示"

【技能要求】

能够熟练地对项目进行检查、快速的编写编制说明。

【素养要求】

培养高尚的道德情操和追求。

7.10.1　项目检查

当所有项目编制完成后，需要进行项目检查。检查项通常包括：清单项目编码是否为空、清单项目特征是否为空、清单工程量是否为空或为零、综合单价或综合合价是否为空或为零等。

在功能区单击"项目自检"，完成对招标控制价符合性检查，如图 7-26 所示。

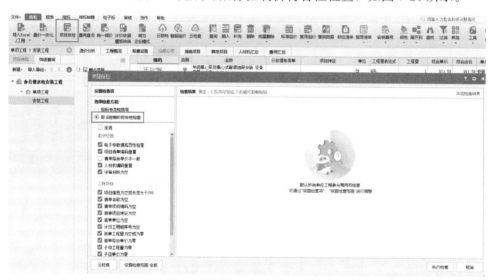

图 7-26　项目自检

7.10.2　编写编制说明

单击二级导航栏的"项目信息"→"编制说明"→"编辑"，即可编写招标控制价的编制说明，如图 7-27 所示。可以对字体的类型、行间距等信息进行修改。

图 7-27　编制说明的编写

7.11 计价表格导出

【知识要求】

熟悉计价表格导出的流程。

【技能要求】

能够熟练地利用技巧从软件中将所需要的表格导出。

【素养要求】

培养爱岗敬业、乐于奉献、吃苦耐劳的精神。

计价表格是完成招标控制价后呈现的结果，需要及时导出。其步骤如下：

步骤一：一级导航切换到"报表"页签，在分栏显示区里可以对报表数据进行查看，根据自身需要，单击功能区中的"批量导出Excel""批量导出PDF""批量打印"，进行报表的输出，如图7-28所示。

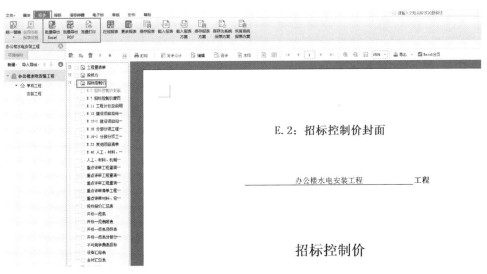

图7-28 导出报表

步骤二：以批量导出Excel为例，首先选择"招标控制价"，软件自动会把项目下所有的报表都呈现在界面上，然后根据自身需要，选择需要导出的表格，完成后点击"导出选择表"即可，如图7-29所示。

在导出表格时，有几个使用技巧：

（1）如果对于软件默认的格式需要做出修改，如添加页眉页脚等，可单击工具条中"简便设计"功能。进行修改后，若需要所有的报表都做此修改，点击功能区"应用当前

图 7-29　报表的导出

报表设置"完成所有报表的设置，如图 7-30 所示。

图 7-30　报表的简单设计

（2）如果有积累的报表，或者希望把常用的报表放在一个文件夹里，可以在分栏显示区鼠标右键新建文件夹。对新建的文件夹进行命名，然后可以把常用报表放在新建的文件夹下，如图 7-31 所示。

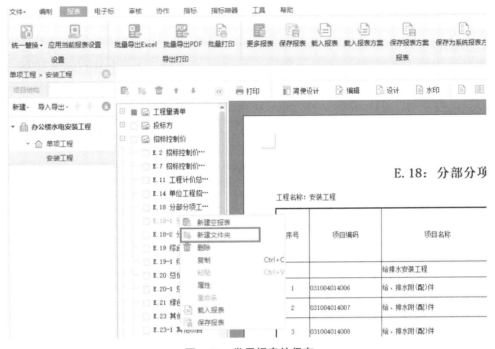

图 7-31　常用报表的保存

（3）用户更改过的报表想要应用于后几个工程中，可以单击功能区"保存系统报表方案"进行保存，如图 7-32 所示。

图 7-32　系统报表方案的保存

　　招标人根据国家或省级、行业建设主管部门颁发的有关计价依据和办法，以及拟定的招标文件和招标工程量清单，结合工程具体情况编制招标工程的最高投标限价。国有资金投资的工程建设项目应实行工程量清单招标，并应编制招标控制价。招标控制价作为评标的参考依据，避免出现较大偏离；有利于招标人有效地控制项目投资，防止恶性投标带来的投资风险。

课后练习 🔍

一、填空题

1. 招标控制价是招标人根据_____或_____、_____建设主管部门颁发的有关计价依据和办法，以及拟定的招标文件和_____，结合工程具体情况编制的招标工程的_____。

2. 投标人的投标价一旦超过_____，其投标应予以拒绝。

3. 招标人在招标文件中除了应该公布_____，还应公布_____。

二、问答题

1. 请根据《建设工程工程量清单计价规范》GB 50500—2013 说明招标控制价的定义，并简述其作用。

2. 在进行招标控制价编制时，需要编制哪些具体费用？费率是如何计取的？

3. 在报表输出时，怎样操作更加快捷？

4. 思考：工作中是否有其他更简便的软件操作方法，以便更快捷地编制招标控制价。

参 考 文 献

[1] 中华人民共和国住房和城乡建设部. 建筑工程工程量清单计价规范：GB 50500—2013 [S]. 北京：中国计划出版社，2013.

[2] 中华人民共和国住房和城乡建设部. 通用安装工程工程量计算规范：GB 50856—2013 [S]. 北京：中国计划出版社，2013.

[3] 湖南省建设工程造价管理总站. 2020 湖南省建设工程计价办法及附录 [M]. 北京：中国建材工业出版社，2020.

[4] 湖南省建设工程造价管理总站. 2020 湖南省安装工程消耗量标准（基价表）[M]. 北京：中国建材工业出版社，2020.

[5] 全国造价工程师职业资格考试培训教材编审委员会. 2023 全国一级造价工程师职业资格考试培训教材-建设工程技术与计量（安装工程）[M]. 北京：中国计划出版社，2023.

[6] 全国造价工程师职业资格考试培训教材编审委员会. 2023 全国一级造价工程师职业资格考试培训教材-建设工程计价 [M]. 北京：中国计划出版社，2023.

[7] 孙光远，常爱萍，陈健铃. 安装工程计量与计价 [M]. 长沙：中南大学出版社，2021.

[8] 吴心伦. 安装工程计量计价 [M]. 重庆：重庆大学出版社，2014.

[9] 王全杰，宋芳，黄丽华. 安装工程计量与计价实训教程 [M]. 北京：化学工业出版社，2014.

[10] 宁艳芳. 安装工程计量与计价实务 [M]. 长沙：湖南科学技术出版社，2011.

住房和城乡建设部"十四五"规划教材

工程造价数字化应用"1＋X"职业技能等级证书系列教材

安装工程计量与计价

配套图册

刘　钢　代端明　柳婷婷　主编

中国建筑工业出版社

目　录

一、实训任务解读与说明

第1章　实训任务介绍 ………………………………………… 1
　　1.1　工程概况 …………………………………………… 1
　　1.2　实训流程 …………………………………………… 1
第2章　实训任务分解 ………………………………………… 1
第3章　实训任务实施 ………………………………………… 2
　　3.1　数字计量软件应用实训任务单 …………………… 2
　　3.2　电气设备及低压电器数字算量实训任务单 ……… 3
　　3.3　电缆及电缆保护管数字算量实训任务单 ………… 3
　　3.4　电线及电线保护管数字算量实训任务单 ………… 4
　　3.5　防雷接地系统数字算量实训任务单 ……………… 4
　　3.6　电气附属工程数字算量实训任务单 ……………… 5
　　3.7　给水排水设备及卫生器具数字算量实训任务单 … 5
　　3.8　给水排水管道数字算量实训任务单 ……………… 6
　　3.9　管道附件数字算量实训任务单 …………………… 6
　　3.10　给水排水附属工程数字算量实训任务单 ………… 7
　　3.11　数字计价软件应用实训任务单 …………………… 7
　　3.12　编制工程量清单实训任务单 ……………………… 8
　　3.13　编制招标控制价实训任务单 ……………………… 8
　　3.14　造价指标分析实训任务单 ………………………… 9

二、××公司办公楼图纸

1. ××公司办公楼电气施工图

　　电施-01　电气设计施工说明 ………………………… 11
　　电施-02　电气系统图（强电） ……………………… 12
　　电施-03　地下一层照明平面图 ……………………… 13
　　电施-04　地下一层动力平面图 ……………………… 14
　　电施-05　一层照明平面图 …………………………… 15
　　电施-06　一层动力平面图 …………………………… 16
　　电施-07　二层照明平面图 …………………………… 17
　　电施-08　二层动力平面图 …………………………… 18
　　电施-09　三层照明平面图 …………………………… 19
　　电施-10　三层动力平面图 …………………………… 20
　　电施-11　四～六层照明平面图 ……………………… 21
　　电施-12　四～六层动力平面图 ……………………… 22
　　电施-13　七层照明平面图 …………………………… 23
　　电施-14　七层动力平面图 …………………………… 24
　　电施-15　屋顶防雷接地及照明平面图 ……………… 25
　　电施-16　屋顶防雷接地及动力平面图 ……………… 26
　　电施-17　基础接地平面图 …………………………… 27

2. ××公司办公楼给水排水施工图

　　水施-01　给水排水设计说明 ………………………… 29
　　水施-02　污废水、雨水系统原理图 ………………… 30
　　水施-03　给水、消火栓、自喷系统原理图 ………… 31
　　水施-04　地下一层喷淋平面图 ……………………… 32
　　水施-05　地下一层消防平面图 ……………………… 33
　　水施-06　一层给水排水平面图 ……………………… 34
　　水施-07　二层给水排水平面图 ……………………… 35
　　水施-08　三层给水排水平面图 ……………………… 36
　　水施-09　四～六层给水排水平面图 ………………… 37
　　水施-10　七层给水排水平面图 ……………………… 38
　　水施-11　屋顶层给水排水平面图 …………………… 39
　　水施-12　卫生间平面放大图及给水排水系统图 …… 40
　　水施-13　水泵房平面放大图及集水坑排水原理图 … 41
　　水施-14　消防水箱接管示意图 ……………………… 42

第 1 章　实训任务介绍

1.1　工程概况

本实训任务是以某公司办公楼水电安装工程为载体,该工程的概况如下:

工程的建设地点为湖南省长沙市,建筑占地面积 867.90m²,总建筑面积 7174.97m²。建筑层数:地下 1 层,地上 7 层,建筑高度 24.9m。本工程为二类高层建筑,建筑物耐火等级为二级,建筑防雷类别为三类,设计合理使用年限为 50 年。本实训任务施工图纸内容包括电力配电系统、照明系统、建筑物防雷接地系统和室内给水排水系统。

1.2　实训流程

+本实训任务是应用安装算量软件、计价软件对某办公楼水电安装工程进行数字算量与数字计价、编制工程量清单和招标控制价,同时让学生应用造价大数据、云指标、云检查等信息化手段,对招标控制价进行数据核查和工程造价指标分析,最终将招标控制价确定在一个合理的范围。其实训流程如图 1-1 所示。

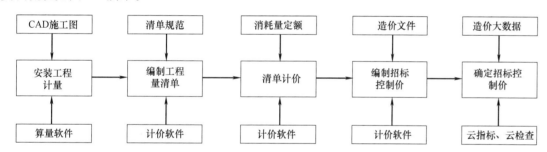

图 1-1　安装工程计量与计价实训流程

第 2 章　实训任务分解

为了更好地实现实训目标,我们将实训内容分解成 3 个实训模块,共 14 个实训任务。实训主要内容如图 2-1 所示,任务分解具体情况见表 2-1。

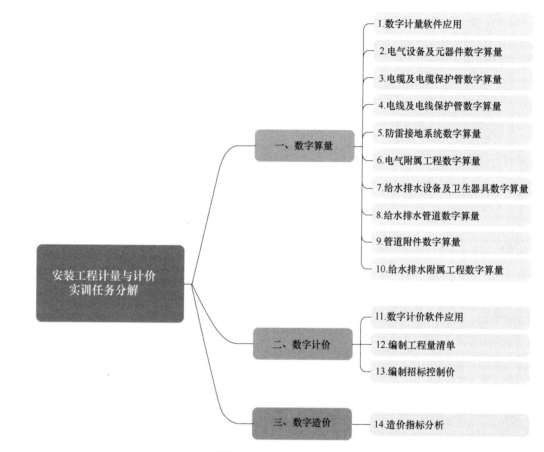

图 2-1　安装工程计量与计价实训主要内容

安装工程计量与计价实训任务分解一览表　　　　　表 2-1

项目名称	任务名称	任务内容	学时
一、数字算量	1. 数字计量软件应用	了解数字计量软件基本功能、基本界面和基本工作流程,掌握数字计量软件的应用技能	2
	2. 电气设备及元器件数字算量	应用安装算量软件,按照清单算量规则计算配电箱/柜、电气设备、照明灯具及开关插座的工程量,并汇总工程量	2
	3. 电缆及电缆保护管数字算量	应用安装算量软件,按照清单算量规则计算电缆及电缆保护管的工程量,并汇总工程量	2
	4. 电线及电线保护管数字算量	应用安装算量软件,按照清单算量规则计算电线及电线保护管的工程量,并汇总工程量	4
	5. 防雷接地系统数字算量	应用安装算量软件,按照清单算量规则计算防雷接地系统的工程量,并汇总工程量	4
	6. 电气附属工程数字算量	应用安装算量软件,按照清单算量规则计算电气附属工程(含铁构件、凿槽及恢复等)的工程量,并汇总工程量	2
	7. 给水排水设备及卫生器具数字算量	应用安装算量软件,按照清单算量规则计算给水排水设备及卫生器具的工程量,并汇总工程量	2

项目名称	任务名称	任务内容	学时
一、数字算量	8. 给水排水管道数字算量	应用安装算量软件,按照清单算量规则计算给水排水管道的工程量,并汇总工程量	4
	9. 管道附件数字算量	应用安装算量软件,按照清单算量规则计算给水排水管道附件的工程量,并汇总工程量	2
	10. 给水排水附属工程数字算量	应用安装算量软件,按照清单算量规则计算给水排水附属工程(管道支架、凿槽及恢复、土方开挖及回填等)的工程量,并汇总工程量	2
二、数字计价	11. 数字计价软件应用	了解数字计量软件基本功能、基本界面和基本工作流程,掌握数字计量软件的应用技能	2
	12. 编制工程量清单	(1)编制本项目的分部分项工程、措施项目、其他项目、规费及增值税等项目工程量清单; (2)生成工程量清单文件,内容包括:工程量清单封面、总说明、分部分项工程量清单、总价措施项目清单、其他项目清单、规费及税金项目清单	2
	13. 编制招标控制价	(1)根据当地现行造价文件相关要求,应用计价软件对本项目工程量清单进行计价,包括:分部分项工程和单价措施项目工程量清单、总价措施项目、其他项目、规费项目及增值税等; (2)生成招标控制价文件,内容包括:封面、扉页、总说明、单位工程招标控制价总价汇总表、分部分项工程和单价措施项目清单与计价表、工程量清单综合单价分析表、总价措施项目清单与计价表、其他项目清单与计价汇总表、暂列金额明细表、规费及税金项目清单与计价表、主要材料与工程设备一览表等	2
三、数字造价	14. 造价指标分析	应用大数据、云指标、云协同、云对比及云检查等信息化技术手段,对招标控制价进行数据检查和指标分析,并能分析出招标控制价的合理性	4
学时汇总			36

第3章　实训任务实施

本实训任务的实施,将以 14 个实训子任务的形式分项完成。具体的实训目标、内容、要求等详见各子任务实训任务单。

3.1　数字计量软件应用实训任务单

实训名称	数字计量软件应用
实训目标	1. 技能目标:掌握数字计量软件的基本应用技能; 2. 素质目标:具有科学严谨细心、精益求精的职业态度;具有团结协作、乐于助人的职业精神;具有敬业精神和责任心,能遵守职业道德规范的要求
实训内容	1. 应用广联达安装算量软件,了解数字计量软件基本功能、基本界面和基本工作流程,掌握数字计量软件的应用技能; 2. 以一个真实项目为载体,掌握数字计量软件的基本功能
实训要求	1. 学生人手一台电脑,独立操作完成实训任务; 2. 按时上交电子版实训成果
实训条件	某办公楼电气施工 CAD 图、广联达安装算量软件、电脑等
标准规范	1.《通用安装工程工程量计算规范》GB 50856—2013; 2.《湖南省安装工程消耗量标准(2020 年版)》; 3. 相关的施工质量验收规范、技术标准等
实训步骤	1. 学生操作; 2. 老师答疑解惑; 3. 成果检查(同学之间相互对量或是与教材参考工程量对比); 4. 成果上交,老师点评
成绩评定	1. 熟练操作(30 分); 2. 精确计量(30 分); 3. 准确地填写项目名称和计量单位(20 分); 4. 计算过程说明清晰,工程量计算式完整,按时提交(20 分)
问题与思考	1. 在操作计量软件时,要注意计量过程中计算规则的应用和各种参数的设定; 2. 是否有其他更简便的软件操作方法,以便更清晰、更快捷地计算工程量
学习小结	

3.2　电气设备及低压电器数字算量实训任务单

实训名称	电气设备及低压电器数字算量
实训目标	1. 技能目标：具有应用算量软件计算电气设备及低压电器的能力；具有发掘更多软件操作方法的能力；具有独立思考、解决问题的能力； 2. 素质目标：具有科学严谨细心、精益求精的职业态度；具有团结协作、乐于助人的职业精神；具有敬业精神和责任心，能遵守职业道德规范的要求
实训内容	1. 应用广联达安装算量软件，计算某办公楼电气施工图中的配电箱、照明灯具及开关插座等电气工程量，并按照工程量计算规范要求进行汇总； 2. 用手工算量方式复核工程量的准确性
实训要求	1. 学生人手一台电脑，独立操作完成实训任务； 2. 按时上交电子版实训成果
实训条件	某办公楼电气施工CAD图、广联达安装算量软件、电脑等
标准规范	1.《通用安装工程工程量计算规范》GB 50856—2013； 2.《湖南省安装工程消耗量标准（2020年版）》； 3. 相关的施工质量验收规范、技术标准等
实训步骤	1. 学生操作； 2. 老师答疑解惑； 3. 成果检查（同学之间相互对量或是与教材参考工程量对比）； 4. 成果上交，老师点评
成绩评定	1. 熟练操作（30分）； 2. 精确计量（30分）； 3. 准确地填写项目名称和计量单位（20分）； 4. 计算过程说明清晰，工程量计算式完整，按时提交（20分）
问题与思考	1. 在进行分部分项工程算量操作时，要注意算量过程中计算规则的应用和各种参数的设定； 2. 是否有其他更简便的软件操作方法，以便更清晰、更快捷地计算工程量
学习小结	

3.3　电缆及电缆保护管数字算量实训任务单

实训名称	电缆及电缆保护管数字算量
实训目标	1. 技能目标：具有应用算量软件计算电缆及电缆保护管的能力；具有发掘更多软件操作方法的能力；具有独立思考、解决问题的能力； 2. 素质目标：具有科学严谨细心、精益求精的职业态度；具有团结协作、乐于助人的职业精神；具有敬业精神和责任心，能遵守职业道德规范的要求
实训内容	1. 应用广联达安装算量软件，计算某办公楼电气施工图中的电力电缆及电缆保护管的工程量，并按照工程量计算规范要求进行汇总； 2. 用手工算量方式复核工程量的准确性
实训要求	1. 学生人手一台电脑，独立操作完成实训任务； 2. 按时上交电子版实训成果
实训条件	某办公楼电气施工CAD图、广联达安装算量软件、电脑等
标准规范	1.《通用安装工程工程量计算规范》GB 50856—2013； 2.《湖南省安装工程消耗量标准（2020年版）》； 3. 相关的施工质量验收规范、技术标准等
实训步骤	1. 学生操作； 2. 老师答疑解惑； 3. 成果检查（同学之间相互对量或是与教材参考工程量对比）； 4. 成果上交，老师点评
成绩评定	1. 熟练操作（30分）； 2. 精确计量（30分）； 3. 准确地填写项目名称和计量单位（20分）； 4. 计算过程说明清晰，工程量计算式完整，按时提交（20分）
问题与思考	1. 在进行分部分项工程算量操作时，要注意算量过程中计算规则的应用和各种参数的设定； 2. 是否有其他更简便的软件操作方法，以便更清晰、更快捷地计算工程量
学习小结	

3.4 电线及电线保护管数字算量实训任务单

实训名称	电线及电线保护管数字算量
实训目标	1. 技能目标:具有应用算量软件计算电线及电线保护管的能力;具有独立思考、解决问题的能力;具有发掘更多软件操作方法的能力; 2. 素质目标:具有科学严谨细心、精益求精的职业态度;具有团结协作、乐于助人的职业精神;具有敬业精神和责任心,能遵守职业道德规范的要求
实训内容	1. 应用算量软件计算电气平面图中照明、插座及动力等回路的电线及电线保护管的工程量,并按照工程量计算规范要求进行汇总; 2. 用手工算量方式复核工程量的准确性
实训要求	1. 学生人手一台电脑,独立操作完成实训任务; 2. 按时上交电子版实训成果
实训条件	某办公楼电气施工CAD图、广联达安装算量软件、电脑等
标准规范	1.《通用安装工程工程量计算规范》GB 50856—2013; 2.《湖南省安装工程消耗量标准(2020年版)》; 3. 相关的施工质量验收规范、技术标准等
实训步骤	1. 学生操作; 2. 老师答疑解惑; 3. 成果检查(同学之间相互对量或是与教材参考工程量对比); 4. 成果上交,老师点评
成绩评定	1. 熟练操作(30分); 2. 精确计量(30分); 3. 准确地填写项目名称和计量单位(20分); 4. 计算过程说明清晰,工程量计算式完整,按时提交(20分)
问题与思考	1. 在进行分部分项工程算量操作时,要注意算量过程中计算规则的应用和各种参数的设定; 2. 是否有其他更简便的软件操作方法,以便更清晰、更快捷地计算工程量
学习小结	

3.5 防雷接地系统数字算量实训任务单

实训名称	防雷接地系统数字算量
实训目标	1. 技能目标:具有应用算量软件计算防雷接地系统工程量的能力;具有独立思考、解决问题的能力;具有发掘更多软件操作方法的能力; 2. 素质目标:具有科学严谨细心、精益求精的职业态度;具有团结协作、乐于助人的职业精神;具有敬业精神和责任心,能遵守职业道德规范的要求
实训内容	1. 应用广联达安装算量软件,计算某办公楼电气施工图中的接地母线、防雷引下线、屋面避雷带、等电位、接地测试点等工程量,并按照工程量计算规范要求进行汇总; 2. 用手工算量方式复核工程量的准确性
实训要求	1. 学生人手一台电脑,独立操作完成实训任务; 2. 按时上交电子版实训成果
实训条件	某公司办公楼电气施工CAD图、广联达安装算量软件、电脑等
标准规范	1.《通用安装工程工程量计算规范》GB 50856—2013; 2.《湖南省安装工程消耗量标准(2020年版)》; 3. 相关的施工质量验收规范、技术标准等
实训步骤	1. 学生操作; 2. 老师答疑解惑; 3. 成果检查(同学之间相互对量或是与教材参考工程量对比); 4. 成果上交,老师点评
成绩评定	1. 熟练操作(30分); 2. 精确计量(30分); 3. 准确地填写项目名称和计量单位(20分); 4. 计算过程说明清晰,工程量计算式完整,按时提交(20分)
问题与思考	1. 在进行分部分项工程算量操作时,要注意算量过程中计算规则的应用和各种参数的设定; 2. 是否有其他更简便的软件操作方法,以便更清晰、更快捷地计算工程量
学习小结	

3.6 电气附属工程数字算量实训任务单

实训名称	电气附属工程数字算量
实训目标	1. 技能目标：具有应用算量软件计算电气附属工程的能力；具有发掘更多软件操作方法的能力；具有独立思考、解决问题的能力； 2. 素质目标：具有科学严谨细心、精益求精的职业态度；具有团结协作、乐于助人的职业精神；具有敬业精神和责任心，能遵守职业道德规范的要求
实训内容	1. 应用广联达安装算量软件，计算某公司办公楼电气施工图中的铁构件、凿槽及恢复等电气附属工程的工程量，并按照工程量计算规范要求进行汇总； 2. 用手工算量方式复核工程量的准确性
实训要求	1. 要求学生人手一台电脑，独立操作完成实训任务； 2. 要求学生上交实训成果电子版，并填写实训报告书
实训条件	某公司办公楼电气施工 CAD 图、广联达安装算量软件、电脑等
标准规范	1.《通用安装工程工程量计算规范》GB 50856—2013； 2.《湖南省安装工程消耗量标准（2020 年版）》； 3. 相关的施工质量验收规范、技术标准等
实训步骤	1. 学生操作； 2. 老师答疑解惑； 3. 成果检查（同学之间相互对量或是与教材参考工程量对比）； 4. 成果上交，老师点评
成绩评定	1. 熟练操作（30 分）； 2. 精确计量（30 分）； 3. 准确地填写项目名称和计量单位（20 分）； 4. 计算过程说明清晰，工程量计算式完整，按时提交（20 分）
问题与思考	1. 在进行分部分项工程算量操作时，要注意算量过程中计算规则的应用和各种参数的设定； 2. 是否有其他更简便的软件操作方法，以便更清晰、更快捷地计算工程量
学习小结	

3.7 给水排水设备及卫生器具数字算量实训任务单

实训名称	给水排水设备及卫生器具数字算量
实训目标	1. 技能目标：具有应用算量软件计算给水排水设备及卫生器具的能力；具有发掘更多软件操作方法的能力；具有独立思考、解决问题的能力； 2. 素质目标：具有科学严谨细心、精益求精的职业态度；具有团结协作、乐于助人的职业精神；具有敬业精神和责任心，能遵守职业道德规范的要求
实训内容	1. 应用广联达安装算量软件，计算某公司办公楼给水排水施工图中的给水排水设备及卫生器具等工程量，并按照工程量计算规范要求进行汇总； 2. 用手工算量方式复核工程量的准确性
实训要求	1. 要求学生人手一台电脑，独立操作完成实训任务； 2. 要求学生上交实训成果电子版，并填写实训报告书
实训条件	某公司办公楼给水排水施工 CAD 图、广联达安装算量软件、电脑等
标准规范	1.《通用安装工程工程量计算规范》GB 50856—2013； 2.《湖南省安装工程消耗量标准（2020 年版）》； 3. 相关的施工质量验收规范、技术标准等
实训步骤	1. 学生操作； 2. 老师答疑解惑； 3. 成果检查（同学之间相互对量或是与教材参考工程量对比）； 4. 成果上交，老师点评
成绩评定	1. 熟练操作（30 分）； 2. 精确计量（30 分）； 3. 准确地填写项目名称和计量单位（20 分）； 4. 计算过程说明清晰，工程量计算式完整，按时提交（20 分）
问题与思考	1. 在完成分部分项工程操作时，注意算量过程中所使用的规则和计量单位的选用； 2. 是否有其他简便的软件操作方法，以便更加清晰、快捷地计算工程量
学习小结	

3.8 给水排水管道数字算量实训任务单

实训名称	给水排水管道数字算量
实训目标	1. 技能目标:具有应用算量软件计算给水排水管道的能力;具有发掘更多软件操作方法的能力;具有独立思考、解决问题的能力; 2. 素质目标:具有科学严谨细心、精益求精的职业态度;具有团结协作、乐于助人的职业精神;具有敬业精神和责任心,能遵守职业道德规范的要求
实训内容	1. 应用广联达安装算量软件,计算某办公楼给水排水施工图中的给水排水管道工程量,并按照工程量计算规范要求进行汇总; 2. 用手工算量方式复核工程量的准确性
实训要求	1. 要求学生人手一台电脑,独立操作完成实训任务; 2. 要求学生上交实训成果电子版,并填写实训报告书
实训条件	某公司办公楼给水排水施工 CAD 图、广联达安装算量软件、电脑等
标准规范	1.《通用安装工程工程量计算规范》GB 50856—2013; 2.《湖南省安装工程消耗量标准(2020 年版)》; 3. 相关的施工质量验收规范、技术标准等
实训步骤	1. 学生操作; 2. 老师答疑解惑; 3. 成果检查(同学之间相互对量或是与教材参考工程量对比); 4. 成果上交,老师点评
成绩评定	1. 熟练操作(30 分); 2. 精确计量(30 分); 3. 准确地填写项目名称和计量单位(20 分); 4. 计算过程说明清晰,工程量计算式完整,按时提交(20 分)
问题与思考	1. 在进行分部分项工程算量操作时,要注意算量过程中计算规则的应用和各种参数的设定; 2. 是否有其他更简便的软件操作方法,以便更清晰、更快捷地计算工程量
学习小结	

3.9 管道附件数字算量实训任务单

实训名称	管道附件数字算量
实训目标	1. 技能目标:具有应用算量软件计算管道附件的能力;具有发掘更多软件操作方法的能力;具有独立思考、解决问题的能力; 2. 素质目标:具有科学严谨细心、精益求精的职业态度;具有团结协作、乐于助人的职业精神;具有敬业精神和责任心,能遵守职业道德规范的要求
实训内容	1. 应用广联达安装算量软件,计算某办公楼给水排水施工图中管道附件的工程量,并按照工程量计算规范要求进行汇总; 2. 用手工算量方式复核工程量的准确性
实训要求	1. 要求学生人手一台电脑,独立操作完成实训任务; 2. 要求学生上交实训成果电子版,并填写实训报告书
实训条件	某办公楼给水排水施工 CAD 图、广联达安装算量软件、电脑等
标准规范	1.《通用安装工程工程量计算规范》GB 50856—2013; 2.《湖南省安装工程消耗量标准(2020 年版)》; 3. 相关的施工质量验收规范、技术标准等
实训步骤	1. 学生操作; 2. 老师答疑解惑; 3. 成果检查(同学之间相互对量或是与教材参考工程量对比); 4. 成果上交,老师点评
成绩评定	1. 熟练操作(30 分); 2. 精确计量(30 分); 3. 准确地填写项目名称和计量单位(20 分); 4. 计算过程说明清晰,工程量计算式完整,按时提交(20 分)
问题与思考	1. 在进行分部分项工程算量操作时,要注意算量过程中计算规则的应用和各种参数的设定; 2. 是否有其他更简便的软件操作方法,以便更清晰、更快捷地计算工程量
学习小结	

3.10　给水排水附属工程数字算量实训任务单

实训名称	给水排水附属工程数字算量
实训目标	1. 技能目标：具有应用广联达算量软件计算给水排水附属工程的能力；具有发掘更多软件操作方法的能力；具有独立思考、解决问题的能力； 2. 素质目标：具有科学严谨细心、精益求精的职业态度；具有团结协作、乐于助人的职业精神；具有敬业精神和责任心，能遵守职业道德规范的要求
实训内容	1. 应用广联达安装算量软件，计算某办公楼给水排水施工图中的管道支架、凿槽及恢复、土方开挖及回填等附属工程的工程量，并按照工程量计算规范要求进行汇总； 2. 用手工算量方式复核工程量的准确性
实训要求	1. 要求学生人手一台电脑，独立操作完成实训任务； 2. 要求学生上交实训成果电子版，并填写实训报告书
实训条件	某办公楼给水排水施工 CAD 图、广联达安装算量软件、电脑等
标准规范	1.《通用安装工程工程量计算规范》GB 50856—2013； 2.《湖南省安装工程消耗量标准(2020 年版)》； 3. 相关的施工质量验收规范、技术标准等
实训步骤	1. 学生操作； 2. 老师答疑解惑； 3. 成果检查(同学之间相互对量或是与教材参考工程量对比)； 4. 成果上交，老师点评
成绩评定	1. 熟练操作(30 分)； 2. 精确计量(30 分)； 3. 准确地填写项目名称和计量单位(20 分)； 4. 计算过程说明清晰，工程量计算式完整，按时提交(20 分)
问题与思考	1. 在进行分部分项工程算量操作时，要注意算量过程中计算规则的应用和各种参数的设定； 2. 是否有其他更简便的软件操作方法，以便更清晰、更快捷地计算工程量
学习小结	

3.11　数字计价软件应用实训任务单

实训名称	编制某办公楼工程工程量清单
实训目标	1. 技能目标：具有应用计价软件编制工程量清单的能力；具有发掘更多软件操作方法的能力；具有独立思考、解决问题的能力； 2. 素质目标：具有科学严谨细心、精益求精的职业态度；具有团结协作、乐于助人的职业精神；具有敬业精神和责任心，能遵守职业道德规范的要求
实训内容	利用广联达计价软件编制一份工程量清单： 1. 工程量清单封面； 2. 总说明； 3. 分部分项工程量清单； 4. 技术措施项目清单； 5. 其他措施项目清单； 6. 其他项目清单； 7. 规费、税金项目清单
实训要求	1. 要求学生人手一台电脑，独立操作完成实训任务； 2. 要求学生上交实训成果电子版，并填写实训报告书
实训条件	某办公楼电气和给水排水施工 CAD 图、广联达安装算量软件和计价软件、电脑等
标准规范	1.《通用安装工程工程量计算规范》GB 50856—2013； 2.《湖南省安装工程消耗量标准(2020 年版)》； 3. 相关的施工质量验收规范、技术标准等
实训步骤	1. 学生操作； 2. 老师答疑解惑； 3. 成果检查(同学之间相互对量或是与教材参考工程量对比)； 4. 成果上交，老师点评
考核标准	1. 熟练操作(30 分)； 2. 准确填写工程量清单项目、项目名称描述、计量单位及清单工程量(30 分)； 3. 根据当地现行的造价文件编制工程量清单(20 分)； 4. 工程量清单编写完整，按时提交(20 分)
问题与思考	1. 在进行工程量清单编制时，要注意招标文件的要求和各种参数的设定； 2. 是否有其他更简便的软件操作方法，以便更快捷地编制工程量清单
学习小结	

3.12 编制工程量清单实训任务单

实训名称	编制某办公楼工程工程量清单
实训目标	1. 技能目标：具有应用计价软件编制工程量清单的能力；具有发掘更多软件操作方法的能力；具有独立思考、解决问题的能力； 2. 素质目标：具有科学严谨细心、精益求精的职业态度；具有团结协作、乐于助人的职业精神；具有敬业精神和责任心，能遵守职业道德规范的要求
实训内容	利用广联达计价软件编制一份工程量清单： 1. 工程量清单封面； 2. 总说明； 3. 分部分项工程量清单； 4. 技术措施项目清单； 5. 其他措施项目清单； 6. 其他项目清单； 7. 规费、税金项目清单
实训要求	1. 要求学生人手一台电脑，独立操作完成实训任务； 2. 要求学生上交实训成果电子版，并填写实训报告书
实训条件	某办公楼电气和给水排水施工 CAD 图、广联达安装算量软件和计价软件、电脑等
标准规范	1.《通用安装工程工程量计算规范》GB 50856—2013； 2.《湖南省安装工程消耗量标准（2020 年版）》； 3. 相关的施工质量验收规范、技术标准等
实训步骤	1. 学生操作； 2. 老师答疑解惑； 3. 成果检查（同学之间相互对量或是与教材参考工程量对比）； 4. 成果上交，老师点评
考核标准	1. 熟练操作（30 分）； 2. 准确填写工程量清单项目、项目名称描述、计量单位及清单工程量（30 分）； 3. 根据当地现行的造价文件编制工程量清单（20 分）； 4. 工程量清单编写完整，按时提交（20 分）
问题与思考	1. 在进行工程量清单编制时，要注意招标文件的要求和各种参数的设定； 2. 是否有其他更简便的软件操作方法，以便更快捷地编制工程量清单
学习小结	

3.13 编制招标控制价实训任务单

实训名称	编制某办公楼工程招标控制价
实训目标	1. 技能目标：具有应用计价软件编制招标控制价的能力；具有发掘更多软件操作方法的能力；具有独立思考、解决问题的能力； 2. 素质目标：具有科学严谨细心、精益求精的职业态度；具有团结协作、乐于助人的职业精神；具有敬业精神和责任心，能遵守职业道德规范的要求
实训内容	根据广联达计价软件编制一份招标控制价： (1) 投标总价封面； (2) 总说明； (3) 工程项目投标报价汇总表； (4) 单项工程投标报价汇总表； (5) 单位工程投标报价汇总表； (6) 分部分项工程量清单计价表； (7) 分部分项工程量清单综合单价分析表； (8) 技术措施项目清单计价表； (9) 其他措施项目清单计价表； (10) 其他项目清单计价表； (11) 规费、税金项目清单计价表； (12) 主要材料价格表
实训要求	1. 要求学生人手一台电脑，独立操作完成实训任务； 2. 要求学生上交实训成果电子版，并填写实训报告书
实训条件	某办公楼电气和给水排水施工 CAD 图、广联达安装算量软件、广联达安装计价软件、电脑等
标准规范	1.《通用安装工程工程量计算规范》GB 50856—2013； 2.《湖南省安装工程消耗量标准（2020 年版）》； 3. 相关的施工质量验收规范、技术标准等
实训步骤	1. 学生操作； 2. 老师答疑解惑； 3. 成果检查； 4. 成果上交，老师点评
考核标准	1. 熟练操作（30 分）； 2. 准确计价（30 分）； 3. 符合当地有关现行造价文件的要求（20 分）； 4. 招标控制价编写完整，按时提交（20 分）
问题与思考	1. 在进行招标控制价编制时，要注意招标文件的要求和各种参数的设定； 2. 是否有其他更简便的软件操作方法，以便更快捷地编制招标控制价
学习小结	

电气设计施工说明

1 设计依据
　1.1 经批准的本工程建筑初步设计文件，建设方的意见；
　1.2 根据市规划局提供的规划红线图及用地规划条件，和市发展和改革局关于本工程初步设计审查会议纪要；
　1.3 相关规范及规定：
　　1.3.1 《民用建筑电气设计标准（共二册）》GB 51348—2019
　　1.3.2 《20kV及以下变电所设计规范》GB 50053—2013
　　1.3.3 《建筑防火通用规范》GB 55037—2022
　　1.3.4 《火灾自动报警系统设计规范》GB 50116—2013
　　1.3.5 《建筑照明设计标准》GB 50034—2013
　　1.3.6 其他现行的国家及行业有关建筑设计规范、规程和规定；
2 项目概况
　2.1 本工程为长沙××办公楼，建设地点在湖南省长沙市。
　2.2 本工程建筑占地面积867.90m²，总建筑面积7174.97m²。
　2.3 建筑层数：地下1层，地上7层，建筑高度24.9m。
　2.4 设计合理使用年限为50年。
　2.5 本工程为二类高层建筑，建筑物耐火等级为二级。
　2.6 建筑防雷类别为三类。
3 设计范围
　本工程设计包括红线内的以下电气系统：（1）电力配电系统；（2）照明系统；（3）建筑物防雷、接地系统及安全措施。
　本工程的报警及消防设备的联动控制等由甲方另行委托设计，本设计不包含此项内容。
4 变配电系统
　4.1 负荷分级：消防设备，包括防排烟风机。正压送风机。消防电梯集水坑排水泵。应急照明等，本工程按二级负荷供电；弱电机房、电梯等重要负荷按二级负荷供电；其他电力负荷按三级负荷供电。本工程设计负荷容量约180kW。
　4.2 供电电源：本工程从周边开关站引来一路10kV电源，同时工作．高压电缆从建筑物穿管埋地引入本建筑配电房。
　4.3 无功功率补偿：在变配电室低压侧设功率因数集中自动补偿装置，要求补偿后的功率因数为0.9～0.95。
　4.4 低压保护装置：低压主进、联络断路器设过载长延时，短路短延时保护脱扣器，其他低压断路器设过载长延时。短路瞬时脱扣器、部分回路设欠压脱扣器；现场非消防配电箱总开关设分励脱扣器，火灾时断电控制。
5 电力配电系统
　5.1 低压配电系统采用～220/380V放射式与树干式相结合的方式，对于单台容量较大的负荷或重要负荷采用放射式供电；对于照明及一般负荷采用树干式或干线式供电方式。二级负荷：采用双电源供电，在末端互投。
　三级负荷：采用单电源供电。
　5.2 本工程小容量的电机类负荷采用全压启动方式，以保证其可靠性与启动效率；部分较大电动机如消防泵采用星三角降压启动，大型或重载电机采用软启动器启动的方式。
　5.3 污水泵采用液位传感器就地控制，主备泵自动轮换，当水位超高时报警且双泵同时运行。
　5.4 排风机、送风机等采用手动控制，消防类风机采用自动控制、就地手动控制、远程手动控制相结合的控制方式并受防火阀与消控中心联动。
　5.5 消防专用设备：消火栓泵、喷淋泵、排烟风机、加压送风机，消防专用设备的过载保护只报警，不跳闸。
6 照明系统
　6.1 光源：以节能系列为主，照度计算及功率密度值按最新节能标准及照明设计相关规范实施。
　6.2 照度要求：按有关规范标准进行设计。地下车库75lx；设备房200lx；办公室300lx。
　6.3 照明、插座分别由不同的支路供电，普通照明当采用I类灯具且安装高度低于2.4m时。疏散灯具均应带PE线，应急灯具带充电线；插座为单相三线，插座回路均设剩余电流断路器保护。开关、插座潮湿部位或特殊场合需用防水型。
　6.4 在楼梯间及其前室、消防电梯间及其前室、主要出入口等场所设置疏散照明。出口标志灯、疏散指示灯，疏散楼梯、走道应急照明灯、部分灯具设置自带蓄电池应急照明灯具，持续供电时间不小于30min；设备机房变配电房等备用照明灯具应急时间不小于180min。
　6.5 除注明外，设备机房变配电室灯具吊链（杆）式安装，链（杆）

吊长度以避开设备管线合理照明为准，其他有吊顶的场所，选用嵌入式灯具；厂房灯罩吊高与梁底平齐；车库灯具采吸顶安装。荧光灯灯管为节能型（T5）灯管，高功率因数电子镇流器。灯具与空调设备、水管、结构梁等遮挡时作相应避让。
7 设备选择及安装
　7.1 变压器采用干式变压器，设强制风冷系统及温度监测及报警装置。保护罩由厂家配套供货。
　7.2 低压配电柜按抽屉式设计，落地式安装，馈线下出式电缆沟内走线。
　7.3 各层照明配电箱，除地下层、竖井、变配电间、防火分区隔墙上明装外，其他均为暗装（剪力墙上除外），应急照明箱、消防控制箱、双电源切换箱体，应有明显标志。动力箱，控制箱等箱体安装高度及方式详见配电系统图。
　7.4 电缆桥架：均为槽式或托盘系列。电缆桥架水平安装时，支架间距不大于2.5m；垂直安装时，支架或固定点间距不大于2m。桥架定位及尺寸仅提供参考，施工时，应注意与其他专业的配合。安装方式详见国家标准图籍：电缆桥架安装（04D701-3）。桥架应做接地处理，桥架分段处增设两处不小于6mm²软铜编接地跨接线。
　7.5 电缆桥架穿过防烟分区、防火分区、电井时应在安装完毕后，用防火材料封堵。
　7.6 水泵、风机及设备电源出线口的具体位置，以设备专业图纸为准。
8 电缆、导线的选型及敷设
　8.1 高压进线电缆选用YJV22-10kV型电力电缆；内部高压电缆选用YJV-10kV型。
　8.2 低压消防负荷干线电缆选用NH-YJV-1kV型电力电缆；其他重要负荷采用ZR-YJV-1kV电缆；普通负荷采用YJV-1kV电缆。在桥架上敷设，普通电缆与消防、应急照明电源电缆应采取隔离措施。不敷设在桥架上的电缆，应暗管敷设。
　8.3 所有支线双电源应急照明出线应选用ZR-BV-450V/750导线，除污水泵出线使用防水型电缆外，其他均选用BV-450/750V导线，依使用场所穿管暗敷。在电缆桥架上的导线应按回路穿热塑管或绑扎成束。
　8.4 应急照明支线应穿管敷设在楼板或墙内，由墙版接线盒至吊顶灯具一段线路穿钢质（耐火）波纹管（或普利卡管），普通照明支线穿管敷设在楼板或吊顶内；机房内管线在不影响使用及安全的前提下，可采用热镀锌钢管、金属线槽或电缆桥架明敷设，地下室配线支线可采用钢管穿线。
　8.5 消防用设备电缆的选型及敷设应满足防火要求。
　8.6 PE线必须用绿/黄导线或标识。
　8.7 所有穿越建筑物伸缩缝、沉降缝、后浇带的管线应按国家、地方标准图集中有关作法施工。
　8.8 电气平面图中所有回路均按回路单独穿管敷设。各回路N、PE线均从箱引出。
9 建筑物防雷、接地及安全
　9.1 本工程防雷等级为二类（按人员密集场所设计），预计年雷击次数0.19次/年。建筑的防雷装置满足防直击雷及雷电波的侵入并设置总等电位联结。
　9.2 接闪器：在屋顶采用φ12，热镀锌圆钢作明装避雷带，屋顶避雷连接线网格不大于10m×10m或者12m×8m。
　9.3 引下线：利用建筑物钢筋混凝土柱或剪力墙内4根φ12以上或2根φ16以上主筋通长焊接作为引下线，间距不大于18m，引下线上端与避雷带焊接，下端与建筑物基础底板下层钢筋内的2根主筋焊接。外墙引下线在室外地面下1m，处引出外引接地线。
　9.4 总等电位联结，将建筑物内保护干线、设备进线总管、建筑物金属构件进行联结。
　9.5 卫生间采用局部等电位联结，从相应的卫生间底板钢筋或附近结构体内钢筋经25×4热镀锌扁钢连接至局部等电位箱LEB，局部等电位暗装，底距地0.3m。将卫生间内所有金属管道、构件联结。具体做法参考国家建筑标准设计《等电位联结安装》15D502。三级负荷：采用单电源供电。
　9.6 过电压保护：在变配电室低压母线上装一级电涌保护器（SPD），依据系统配置需要，二级配电箱内装二级电涌保护器，弱电机房配电箱内装三级电涌保护器。屋顶室外控制箱、室外照明配电箱内装二级电涌保护器。

强电系统图例及主要设备表

序号	图例	名称	规格	单位	数量	备注
1		动力配电、控制箱	非标箱厂家定制	台	详系统图	
2		照明配电箱	PZ30系列照明箱	台	详系统图	
3		动力总柜	非标箱厂家定制	台	详图	
4	⊗	吸顶灯	YH32RN（三色）	盏	详图	吸顶安装
5	⊙	吸顶灯	YH32RN（三色）带电池模块	盏	详图	吸顶安装
6	⊙t	吸顶灯	YH32RN（三色）带自动延时开关	盏	详图	吸顶安装
7		双管高效节能荧光灯	TL5 HE28W/830	盏	详图	设备房采用应急型，应急时间不小于180min
8		安全型插座	两三极组合250V/10A	盏	详图	距地0.3m安装
9		防水安全型插座	两三极组合250V/10A	盏	详图	距地1.5m安装
10		风机盘管开关	设备配套	盏	详图	
11		双控开关	双控开关250V/10A	个	详图	接线方式详见系统图,1.3m安装
12		单联开关	单联开关250V/10A	个	详图	距地1.3m安装
13		双联开关	双联开关250V/10A	个	详图	距地1.3m安装
14		三联开关	三联开关250V/10A	个	详图	距地1.3m安装
15		四联开关	四联开关250V/10A	个	详图	距地1.3m安装
16		防水开关	防水开关250V/10A	个	详图	潮湿环境距地1.3m安装
17		换气扇	详暖通专业	台	详图	
18		交流电动机	详相关专业	台	详图	
19	70℃	70度防火阀	详暖通专业	台	详图	
20	280℃	280度防火阀	详暖通专业	台	详图	
21		液位传感器	详给水排水专业	台	详图	
22	LEB	局部等电位箱LER-C	w140×h120×c60	台	详图	距地0.3m安装
23	MEB	总等电位箱MER-B	w440×h120×c60	台	详图	距地0.3m安装
24		电气桥架	镀锌金属桥架	米	详图	详平面图
25	××	屋面避雷带		米	详图	详平面图
26		基础接地网		米	详图	详平面图
27	N	标注导线线制		米	详图	详平面图

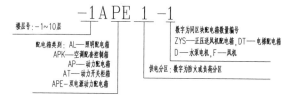

-1APE 1-1

楼层号：-1～10层

数字为同一块配电箱编号

配电箱号：AL—照明配电箱
ZYS—正压送风机配电箱，DT—电梯配电箱
APK—空调配表控制箱
D—水泵配电箱，F—风机
AP—动力配电箱
AT—动力开关电箱
APE—双电源动力配电箱

供电分区：数字为防火墙分区号

ZRYJV22-3×50+2×25-CT,SC80-CE

ZR—阻燃型电缆
NH—耐火类型电缆

敷设方式：
CE—顶板下明敷 FC—底板内暗敷
CC—顶板内暗敷 CT—桥架敷设
W—墙内暗敷 WC—墙内暗敷 WS—沿墙明敷

YJV—铜芯交联聚乙烯电缆
W—铜芯聚氯乙烯绝缘聚乙烯护套电力电缆

3×50+2×25-3根3×50电缆
3×50+1×25×3根+1芯电缆
4×50+1×25×1根+1芯电缆

22—钢带铠装，32—钢丝铠装

SC—焊接钢管
KBG—薄壁钢导线管
PC—聚氯乙烯塑料管

审定	审核	工种负责	校对	设计	工程名称	××公司办公楼	比例	图别	图号
					图名	电气设计施工说明	1:100	电施	01

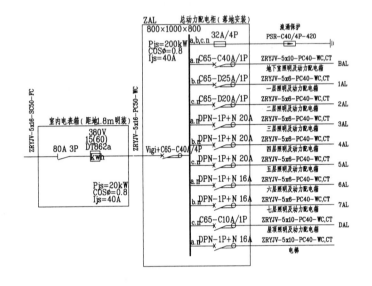

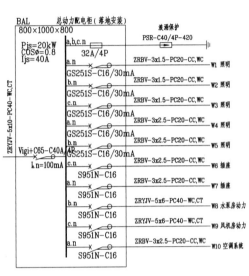

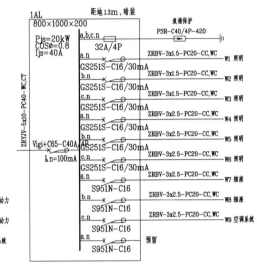

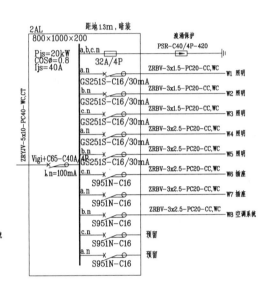

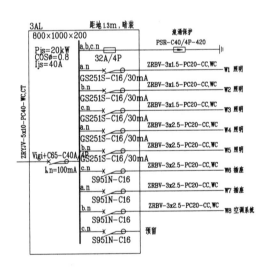

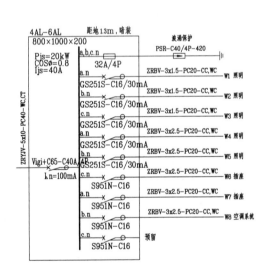

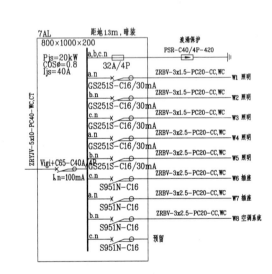

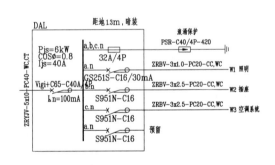

审定	审核	工种负责	校对	设计	工程名称	××公司办公楼	比例	图别	图号
					图名	电气系统图（强电）	1：100	电施	02

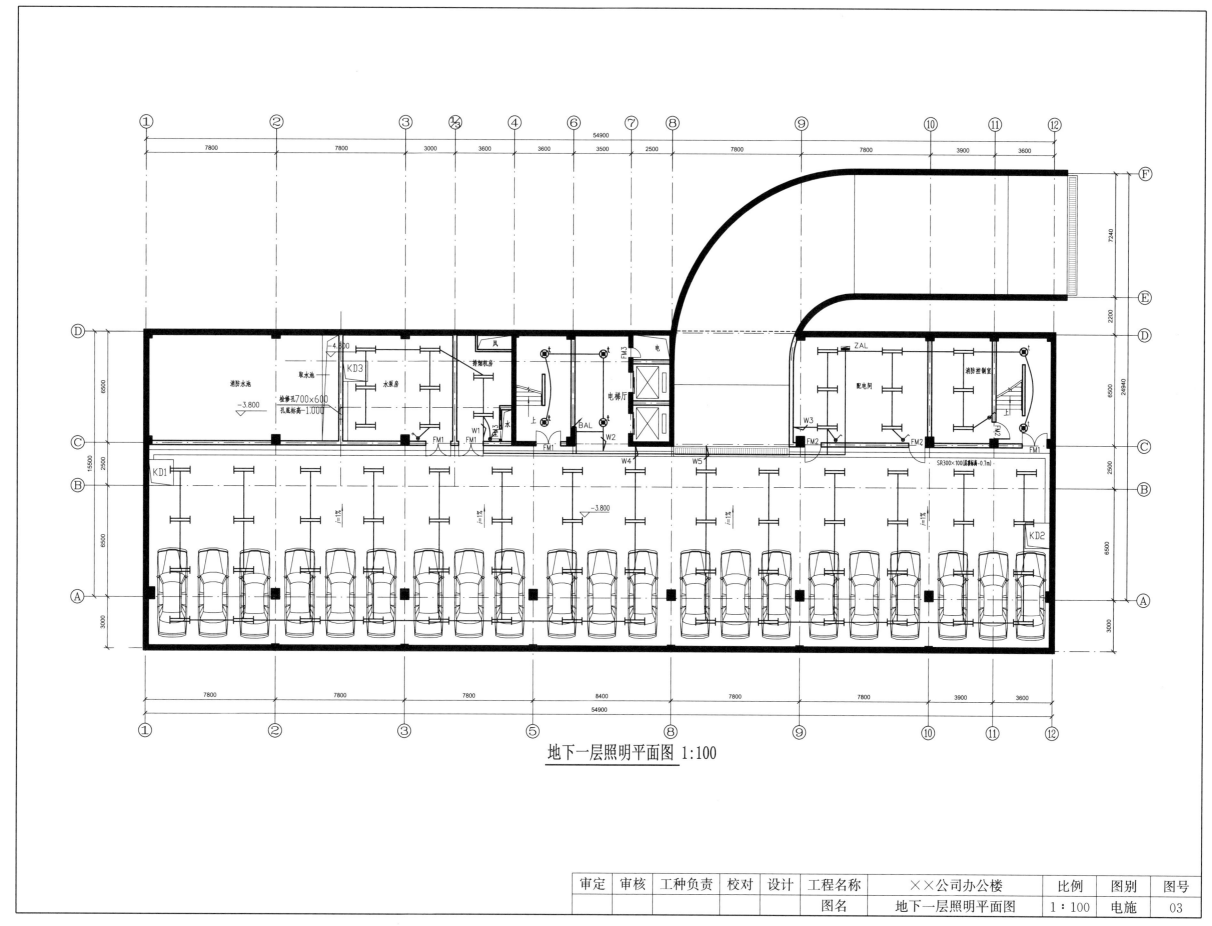

地下一层照明平面图 1:100

审定	审核	工种负责	校对	设计	工程名称	××公司办公楼		比例	图别	图号
					图名	地下一层照明平面图		1:100	电施	03

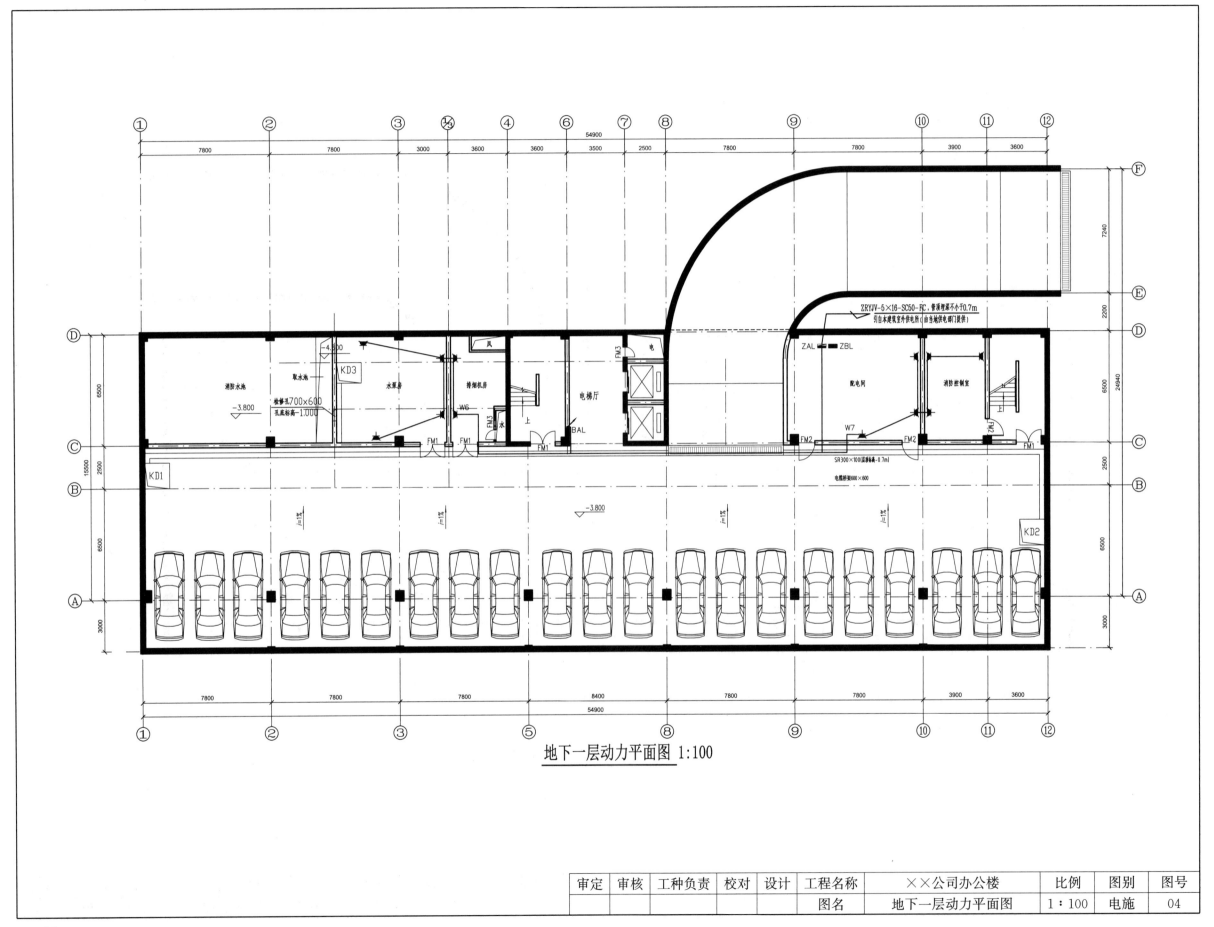

地下一层动力平面图 1:100

审定	审核	工种负责	校对	设计	工程名称	××公司办公楼	比例	图别	图号
					图名	地下一层动力平面图	1:100	电施	04

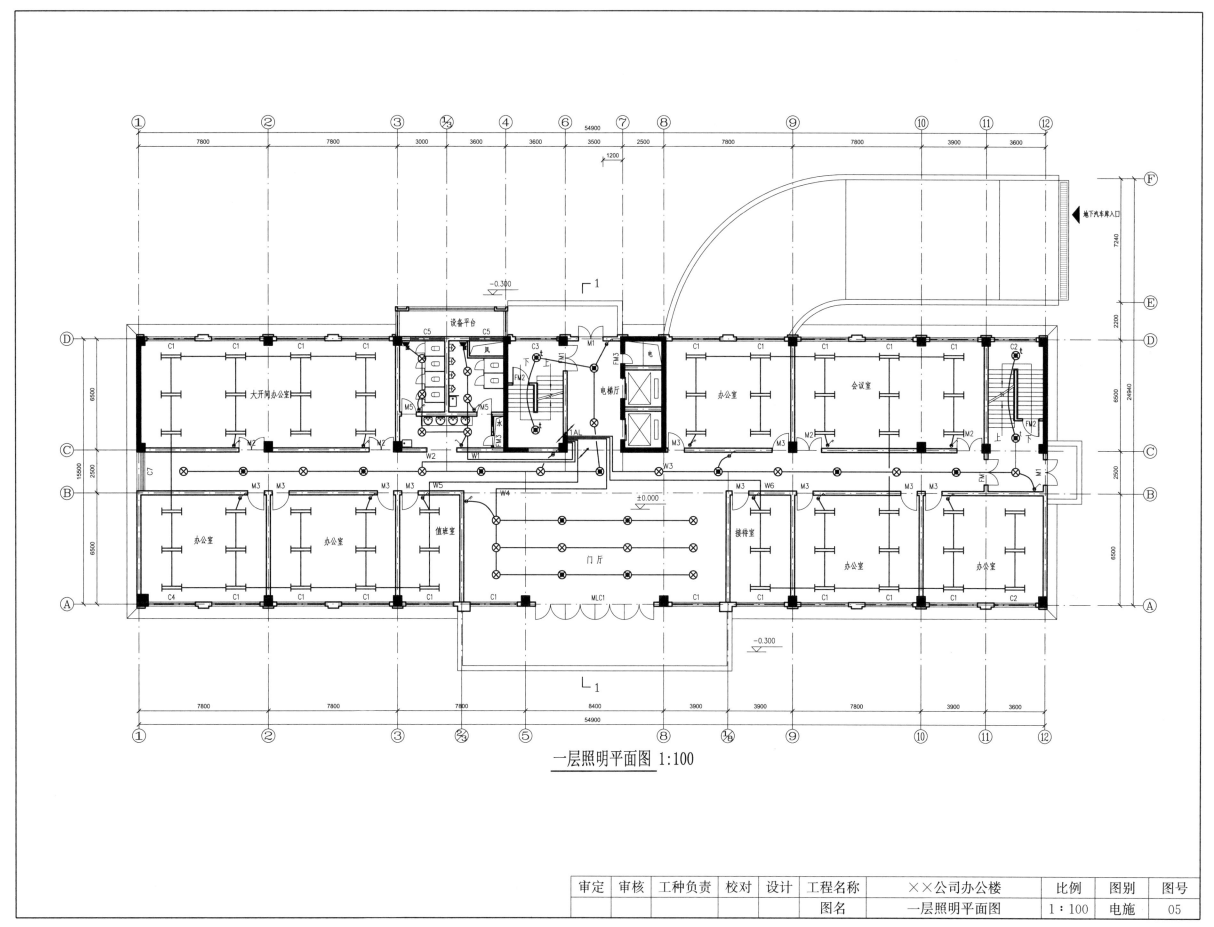

一层照明平面图 1:100

审定	审核	工种负责	校对	设计	工程名称	××公司办公楼		比例	图别	图号
					图名	一层照明平面图		1:100	电施	05

· 15 ·

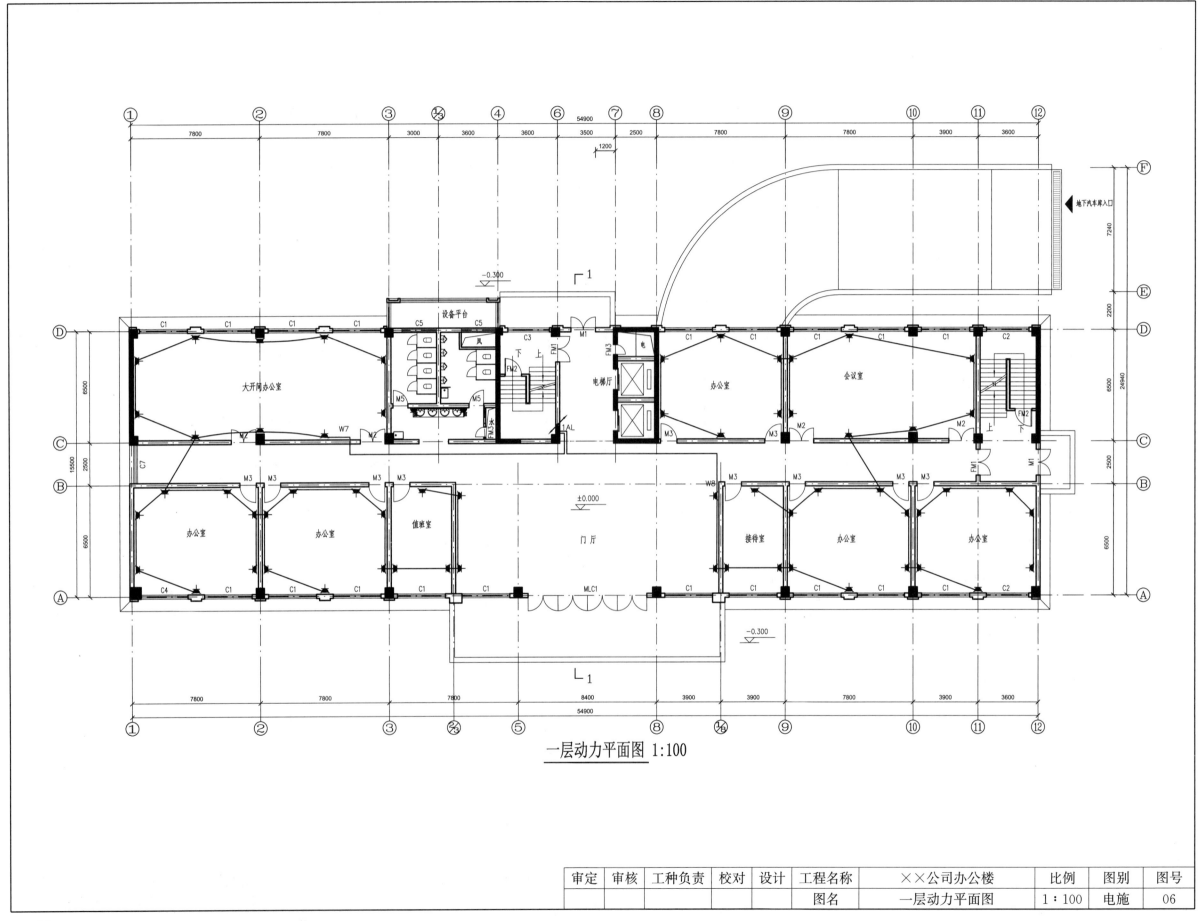

一层动力平面图 1:100

审定	审核	工种负责	校对	设计	工程名称	××公司办公楼	比例	图别	图号
					图名	一层动力平面图	1:100	电施	06

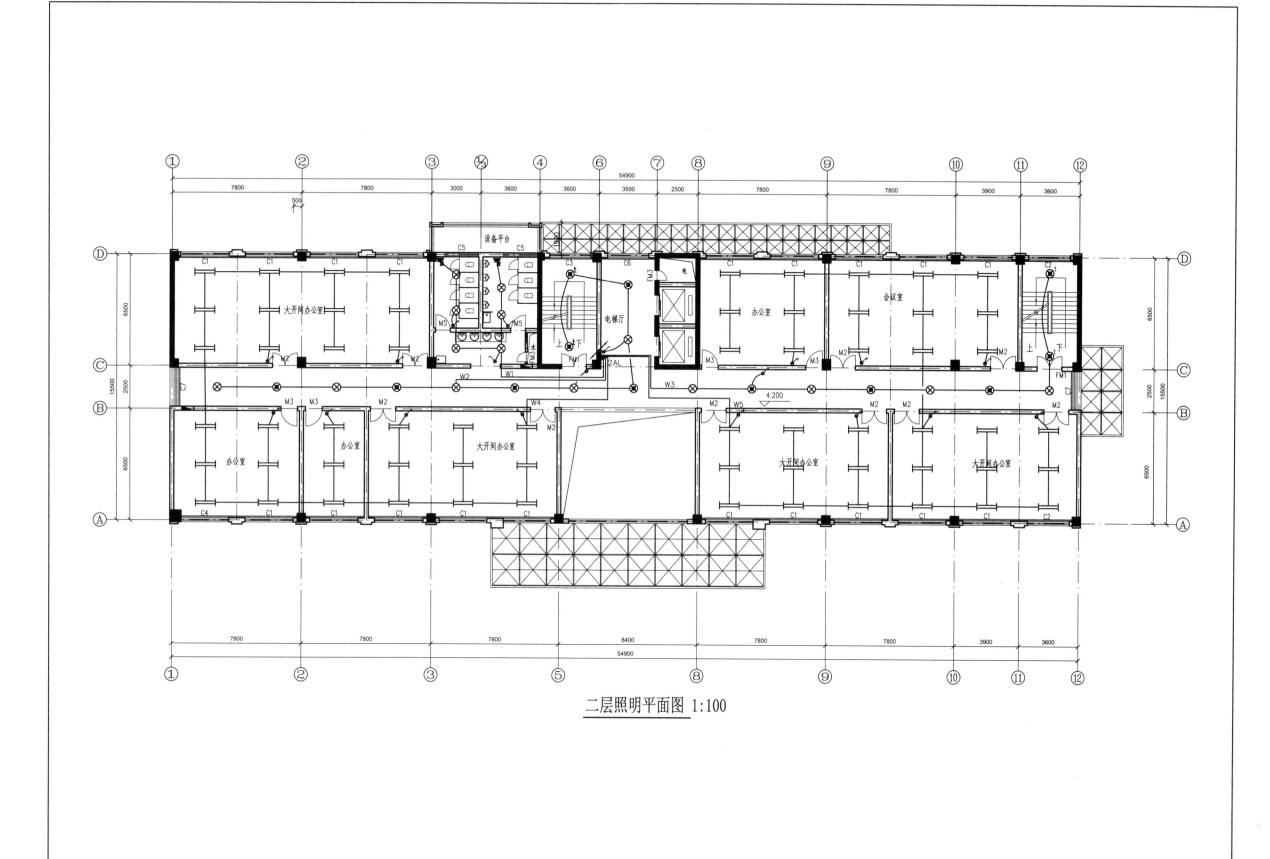

二层照明平面图 1:100

审定	审核	工种负责	校对	设计	工程名称	××公司办公楼		比例	图别	图号
					图名	二层照明平面图		1:100	电施	07

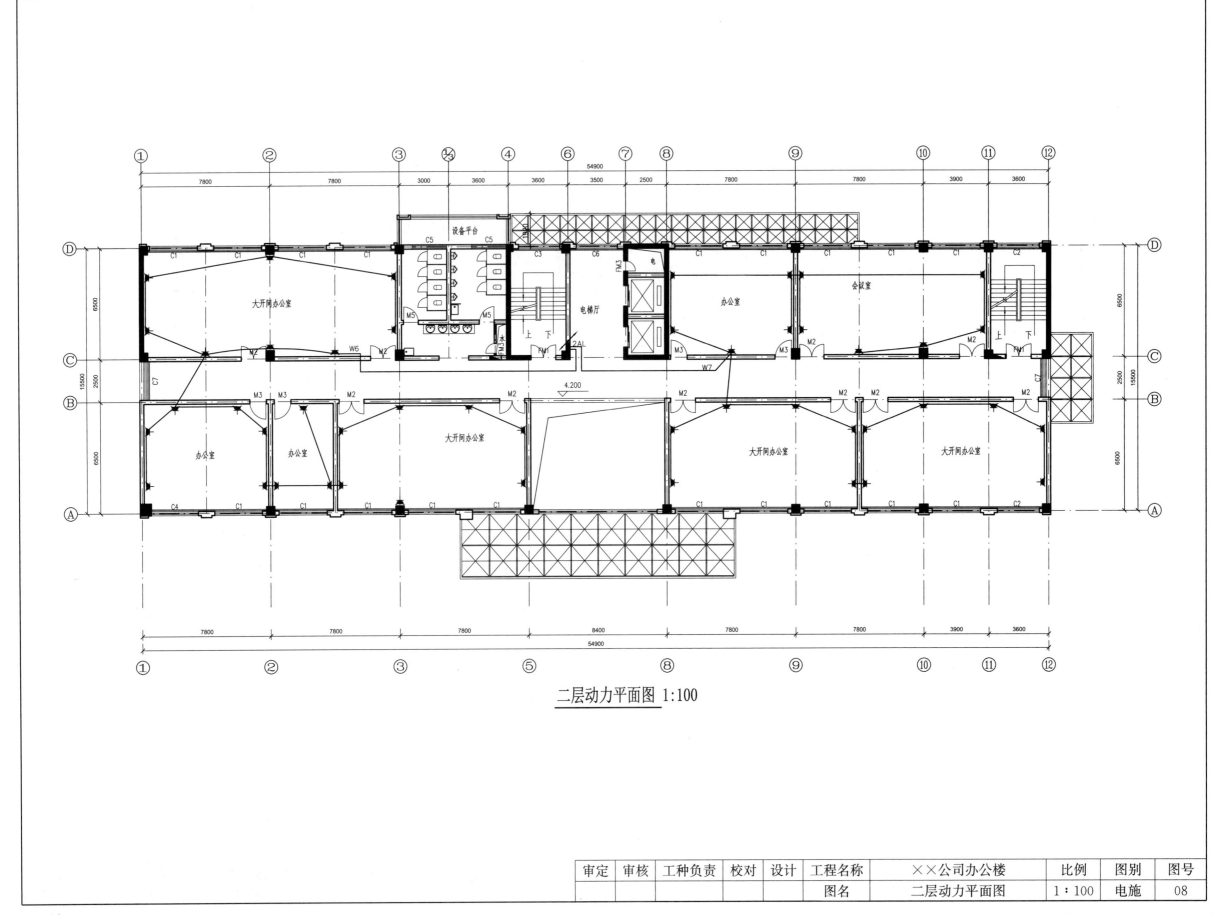

二层动力平面图 1:100

审定	审核	工种负责	校对	设计	工程名称	××公司办公楼	比例	图别	图号
					图名	二层动力平面图	1:100	电施	08

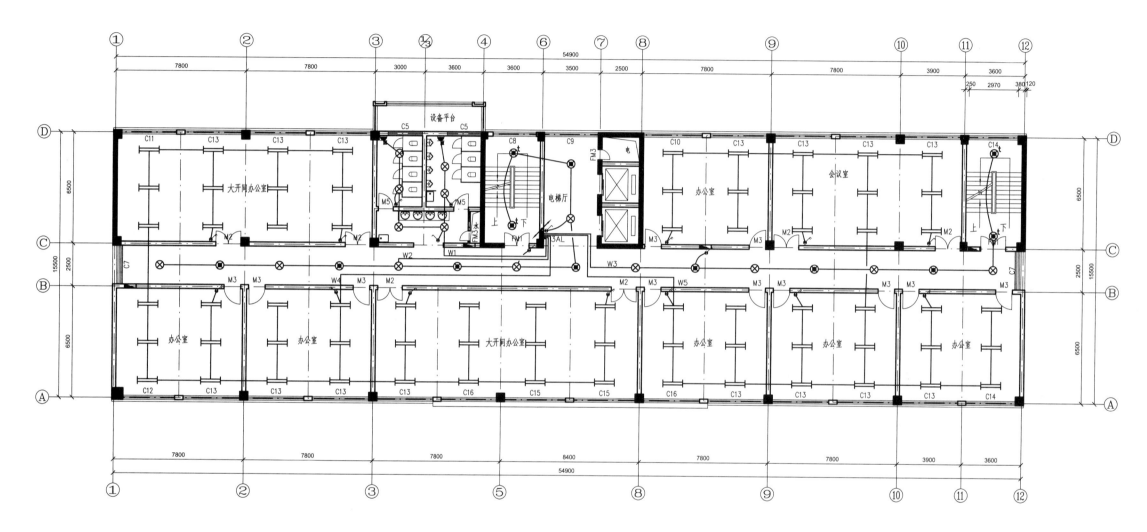

三层照明平面图 1:100

审定	审核	工种负责	校对	设计	工程名称	××公司办公楼	比例	图别	图号
					图名	三层照明平面图	1：100	电施	09

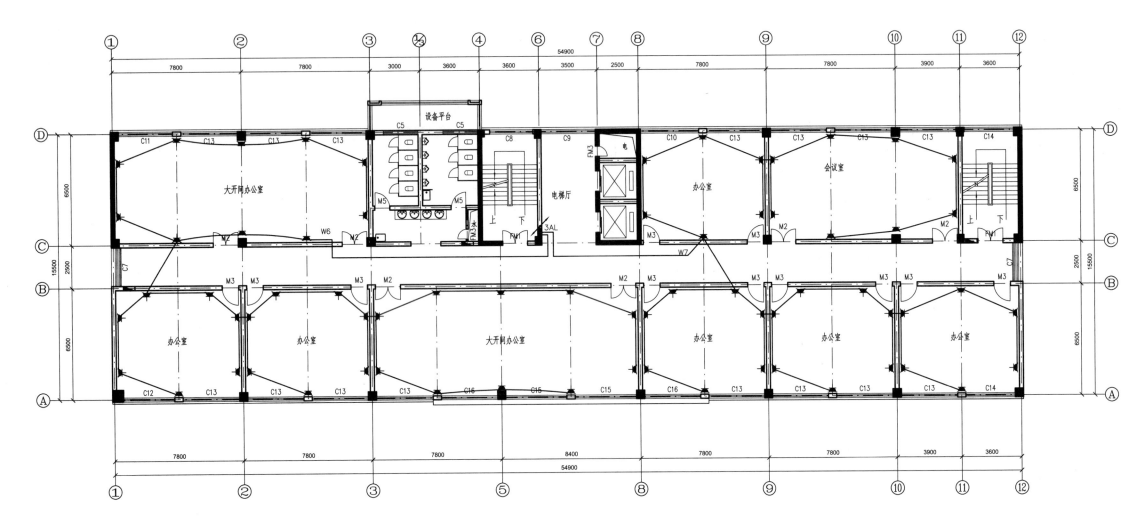

三层动力平面图 1:100

审定	审核	工种负责	校对	设计	工程名称	××公司办公楼		比例	图别	图号
					图名	三层动力平面图		1:100	电施	10

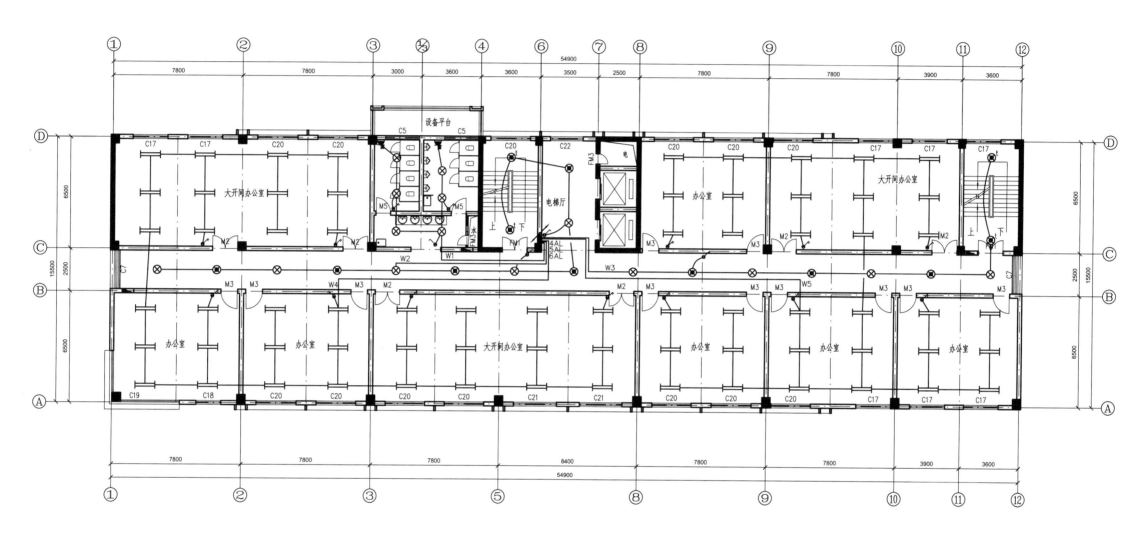

四~六层照明平面图 1:100

审定	审核	工种负责	校对	设计	工程名称	××公司办公楼	比例	图别	图号
					图名	四~六层照明平面图	1:100	电施	11

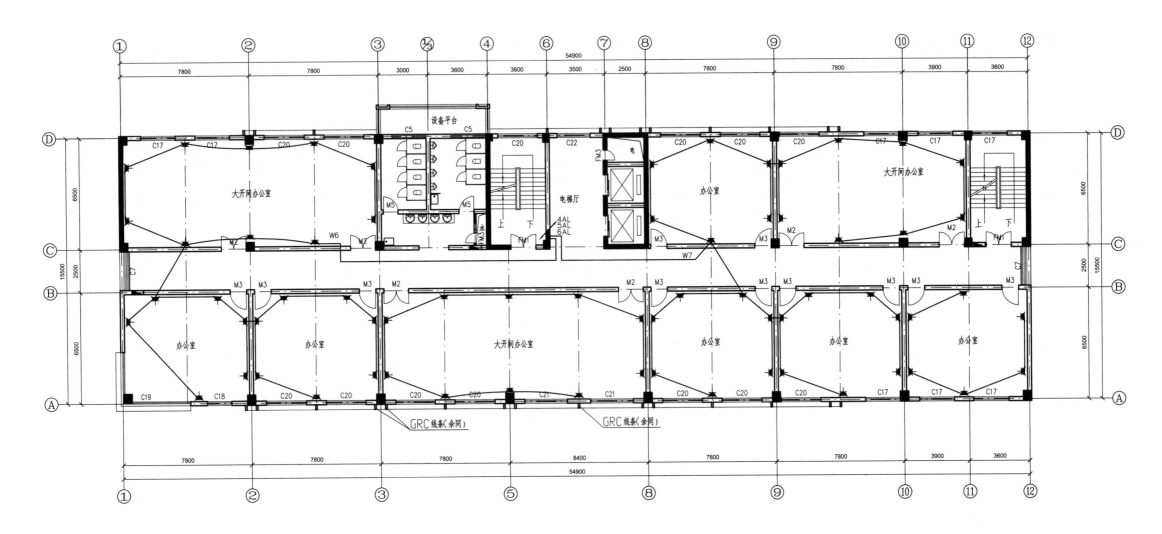

四~六层动力平面图 1:100

审定	审核	工种负责	校对	设计	工程名称	××公司办公楼		比例	图别	图号
					图名	四~六层动力平面图		1:100	电施	12

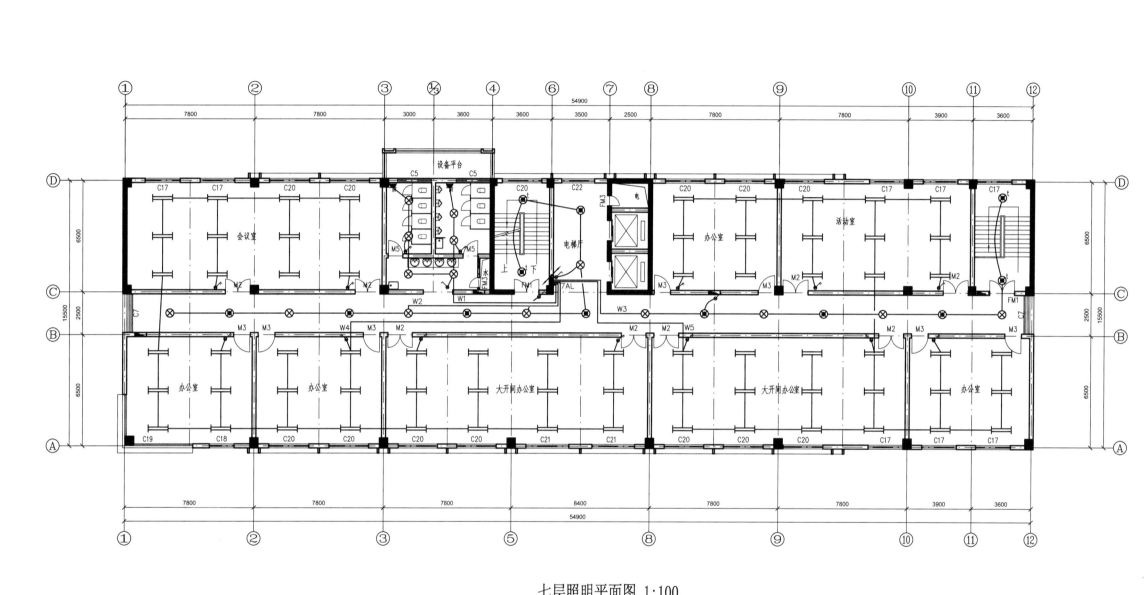

七层照明平面图 1:100

审定	审核	工种负责	校对	设计	工程名称	××公司办公楼	比例		图别	图号
					图名	七层照明平面图	1:100		电施	13

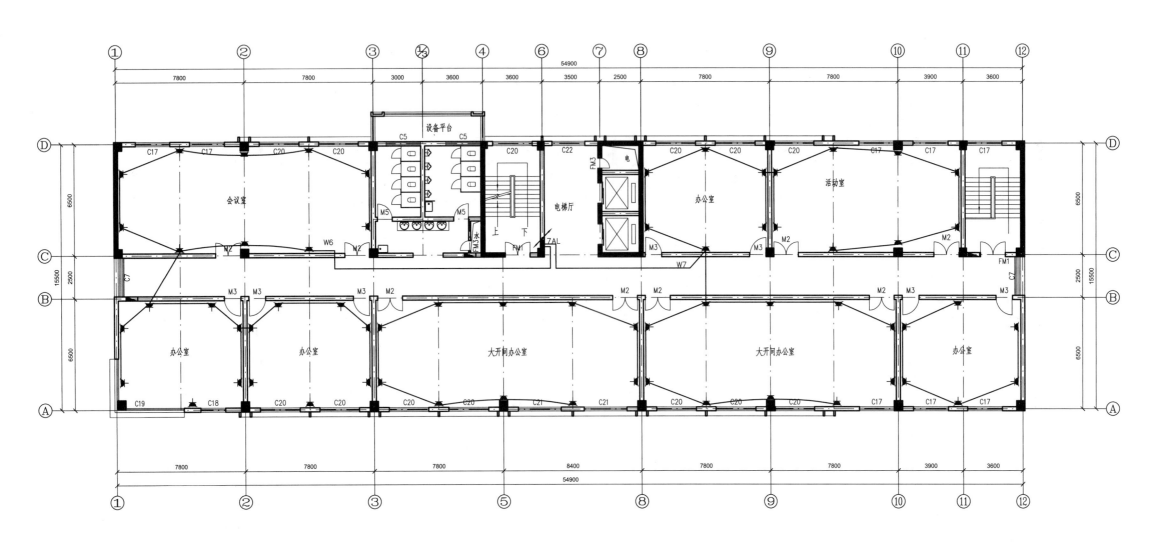

七层动力平面图 1:100

审定	审核	工种负责	校对	设计	工程名称	××公司办公楼		比例	图别	图号
					图名	七层动力平面图		1：100	电施	14

防雷说明：

1. 本工程按二类建筑物防雷保护措施，屋顶采用φ12热镀锌圆钢作避雷带，沿女儿墙明敷设，避雷带高出女儿墙150mm，且每隔1.5m用25×4热镀锌扁钢固定一次，转弯处为0.5m，屋面上的设备、突出屋面的金属管道及屋面金属栏杆与避雷带焊接成电气通路，局部高处在其顶部设置高φ12热镀锌圆钢避雷短针，长度不小于0.3m，经φ12热镀锌圆钢就近与避雷带连通。

2. 利用建筑物柱内钢筋作引下线，要求柱中至少4根φ14（12）的主筋或2根φ16通长焊接，该4根主筋在屋顶连通，并将其中一根引出屋面200mm，与屋顶避雷带相焊接，下端将作引下线的2根主筋连通并与基础内钢筋相焊接，在⊕处距室外地坪0.5m处暗装断接卡子（检测）盒，如实测接地电阻大于1Ω，应做接地补偿直到满足要求为止。

3. 引下线间距不大于18m，屋面避雷网格不大于10m×10m或12m×8m。

4. 未尽事宜请按照国家标准图集《建筑物防雷设计规范》GB 50057—2010施工。

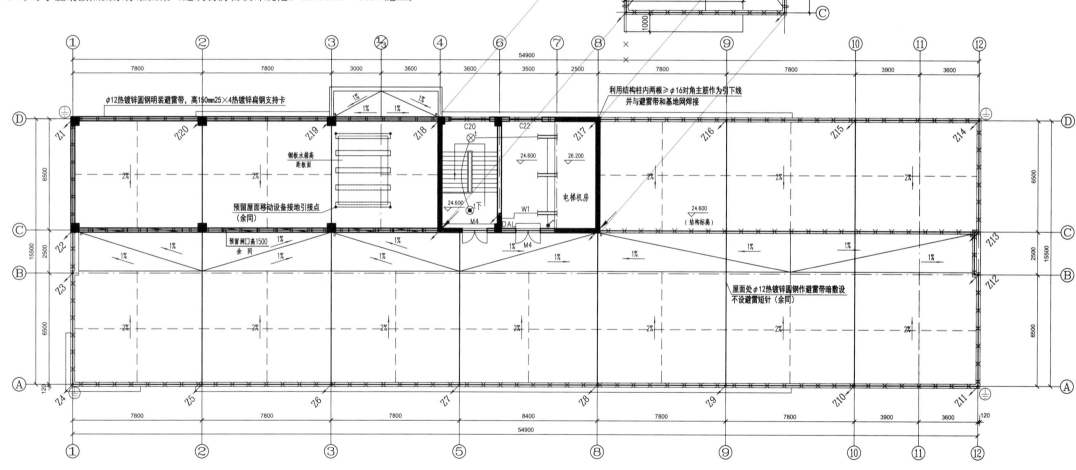

屋顶防雷接地及照明平面图 1:100

审定	审核	工种负责	校对	设计	工程名称	××公司办公楼		比例	图别	图号
					图名	屋顶防雷接地及照明平面图	1:100		电施	15

防雷说明：

    1. 本工程按二类建筑物防雷保护措施，屋顶采用 φ12 热镀锌圆钢作避雷带，沿女儿墙明敷设，避雷带高出女儿墙 150mm，且每隔 1.5m 用 25×4 热镀锌扁钢固定一次，转弯处为 0.5m，屋面上的设备、突出屋面的金属管道及屋面金属栏杆与避雷带焊接成电气通路，局部高处在其顶部设置高 φ12 热镀锌圆钢避雷短针，长度不小于 0.3m，经 φ12 热镀锌圆钢就近与避雷带连通。

    2. 利用建筑物柱内钢筋作引下线，要求柱中至少 4 根 φ14（12）的主筋或 2 根 φ16 通长焊接，该 4 根主筋在屋顶连通，并将其中一根引出屋面 200mm，与屋顶避雷带相焊接，下端将作引下线的 2 根主筋连通并与基础内钢筋相焊接，在 ⏚ 处距室外地坪 0.5m 处暗装断接卡子（检测）盒，如实测接地电阻大于 1Ω，应做接地补偿直到满足要求为止。

    3. 引下线间距不大于 18m，屋面避雷网格不大于 10m×10m 或 12m×8m。

    4. 未尽事宜请按照国家标准图集《建筑物防雷设计规范》GB 50057—2010 施工。

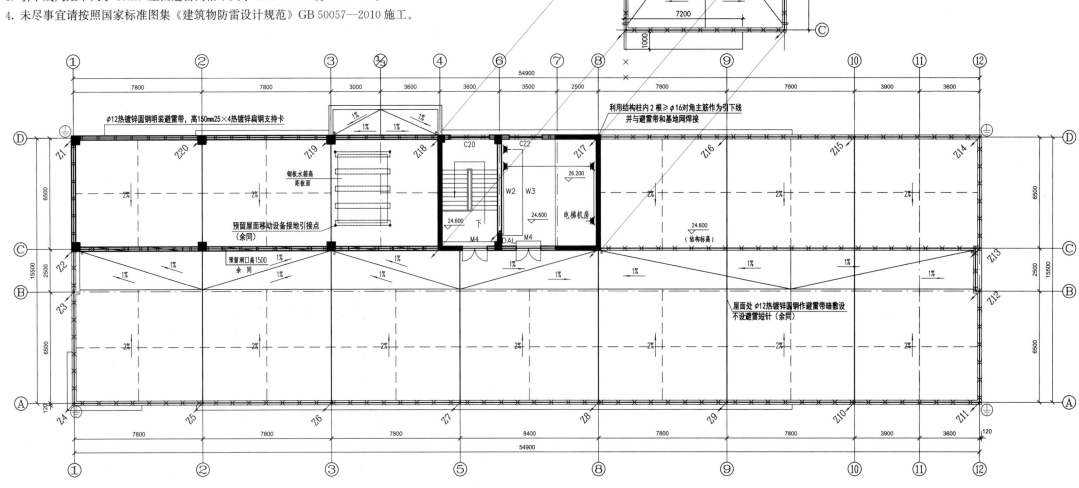

屋顶防雷接地及动力平面图 1:100

审定	审核	工种负责	校对	设计	工程名称	××公司办公楼		比例	图别	图号
					图名	屋顶防雷接地及动力平面图	1：100		电施	16

建筑物防雷接地系统说明：

1. 引下线：

利用建筑物钢筋混凝土柱子内4根 φ12（2根 φ16）主筋通长焊接作为引下线，引下线间距不大于 25mm。

2. 引下线上端与避雷带焊接，下端钢筋与基础钢筋焊接。图示中⊕╱处外墙引下线在室外地面上 0.5mm 处设测试卡子。

3. 室外接地凡焊接处均应刷沥青防腐。

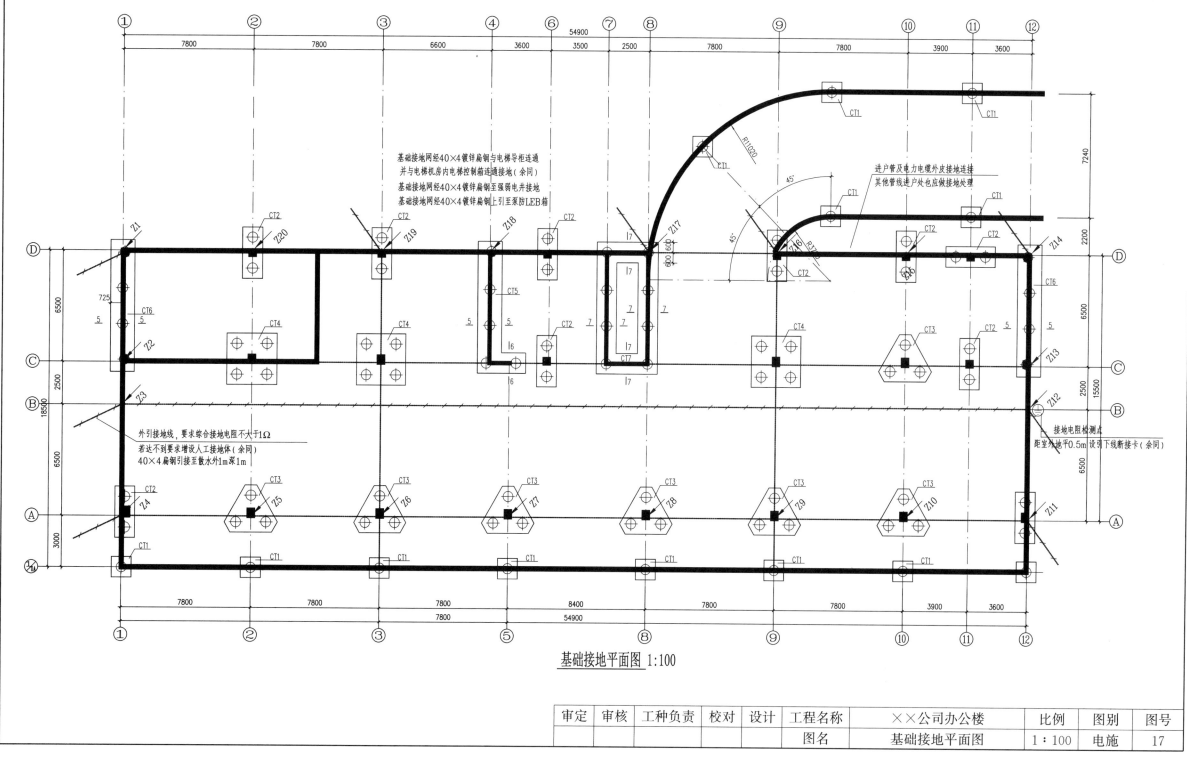

基础接地平面图 1:100

审定	审核	工种负责	校对	设计	工程名称	××公司办公楼	比例	图别	图号
					图名	基础接地平面图	1：100	电施	17

		建设单位	××工程咨询有限公司		
图纸目录		项目名称	××公司办公楼	专业	给水排水
		子项名称		阶段	施工图
		项目编号		版次	

审定	审核	项目负责	专业负责	校对	设计	日期
						2023.01

序号	图别　图号	图 纸 名 称	图幅	备注
1	水施-01	给水排水设计说明	A2	
2	水施-02	污废水、雨水系统原理图	A2	
3	水施-03	给水、消火栓、自喷系统原理图	A2＋1/4	
4	水施-04	地下一层喷淋平面图	A2＋1/4	
5	水施-05	地下一层消防平面图	A2＋1/4	
6	水施-06	一层给水排水平面图	A2＋1/4	
7	水施-07	二层给水排水平面图	A2＋1/4	
8	水施-08	三层给水排水平面图	A2＋1/4	
9	水施-09	四～六层给水排水平面图	A2＋1/4	
10	水施-10	七层给水排水平面图	A2＋1/4	
11	水施-11	屋顶层给水排水平面图	A2＋1/4	
12	水施-12	卫生间平面放大图及给水排水系统图	A2＋1/4	
13	水施-13	水泵房平面放大图及集水坑排水原理图	A2＋1/4	
14	水施-14	消防水箱接管示意图	A2	

给水排水设计说明

一、工程概况

本工程为××公司办公楼，地下室火灾等级为中危Ⅱ级。建筑层数为7层，高度为38.9m；地下1层，高度为3.800m。地下室为Ⅳ类车库。建筑体积为768.9m²×24.6m=18914.94m³。

二、设计依据

1. 建设单位提供的设计要求及相关技术资料和市政资料。
2. 本工程建筑专业提供的作业图及其他专业提供的设计资料。
3. 国内现行的给水排水及建筑设计防火规范规程及标准图集：
   《建筑设计防火规范（2018年版）》 GB 50016—2014
   《建筑给水排水设计标准》 GB 50015—2019
   《室外给水设计标准》 GB 50013—2018
   《室外排水设计标准》 GB 50014—2021
   《自动喷水灭火系统设计规范》 GB 50084—2017
   《汽车库、修车库、停车场设计防火规范》GB 50067—2014
   建筑和有关工种提供的作业图和有关资料。

三、设计范围

本设计范围包括办公楼的室内给水、排水和消防工程设计。

四、给水系统

1. 生活给水系统：市政自来水直供1～3层，4层及4层以上由地下室水泵房变频加压设备加压供给。
2. 按办公室算加压给水总量确定水箱大小。

五、排水系统

1. 排水系统：室内排水采用废、污分流制。
2. 室外排水采用雨、污分流制。
3. 雨水排水采用有组织排放，雨水设计重现期按3年计。雨水纳入市政雨水排水管网。

六、消防系统

1. 室外消火栓系统为低压制，由建筑周围的室外给水管网上的室外消火栓解决，室外消火栓用水量为20L/s，火灾延续时间为2h；室内消防水量为15L/s，火灾延续时间为2h；消防水池及消防水泵房设置在地下车库，屋顶设消防水箱，有效容积为18m³。消防水池最低有效水位为−3.6m，报警水位为−3.55m。
2. 自动喷洒系统喷水强度为8L/(min·m²)，用房面积为160m²，设计流量为28L/s，喷水延续时间为1h。喷洒用有关其他设施，如喷洒泵组、报警阀、消防水池等设置在地下层消防水泵房。系统消防水泵接合器设在泵房室外。
   喷头选择：采用玻璃球闭式直立型喷头，温级为68℃。接喷头的短立管为DN25喷头，接管直径为DN15。本地下车库喷淋加10min的水量由屋顶高位水箱（有效容积为18T）提供，且满足最不利点喷淋系统水压。
   喷头安装：喷头安装采用直立型安装，喷头距天花板距离一般为75～150mm。当附近梁影响喷头保护范围内的喷水效果时，可根据规范要求适当降低喷头距顶板的距离，或在梁下采用下垂型喷头（带集热罩）。
3. 地下室配电房采用七氟丙烷柜式（无管网）预制灭火系统予以保护。设计参数：设计灭火浓度为9%，喷放时间不大于10s。
4. 地下车库按中危险级B类配置4kg装贮压式磷酸铵盐干粉灭火器。灭火器一般置于整体消防箱内，其余的灭火器置于落地式灭火器箱内。厂房按轻危险级A类配置4kg装贮压式磷酸铵盐干粉灭火器，灭火器一般置于整体消防箱内。

七、消防器材及安装

消火栓箱采用带灭火器箱的组合式消防柜，箱内设消火栓口径为DN65，水龙带长度为25m（衬胶），水枪口径为QZ19。同时放4kg手提式磷酸铵盐干粉灭火器3只。组合消防柜尺寸：甲型700mm×1600mm×240mm，距地150mm。

八、管材与接口

1. 生活给水管采用钢塑复合管，螺纹连接。
2. 污、排水管采用优质PVC-U管，承插式胶粘剂粘接。雨水排水管采用热镀锌钢管，丝扣连接。
3. 消火栓管道采用热浸镀锌钢管，螺纹连接；建筑外墙以外的埋地管用内衬水泥砂浆球墨给水铸铁管（转换接头在室内）。
4. 自动喷洒管采用热镀锌钢管，管材和管件的工作压力为1.6MPa。DN<100mm者，螺纹连接；DN≥100mm者，沟槽连接；沟槽式管接头的工作压力应与管道工作压力相配。建筑外墙以外的埋地管采用内衬水泥砂浆球墨给水铸铁管（转换接头在室内），承插接口，橡胶圈密封。

九、卫生洁具

1. 卫生洁具选型由甲方自定。甲方应在施工预留前确定产品。
2. 所有卫生洁具及配件采用节水型产品，并不得使用一次冲水量大于6L的坐便器。

十、阀门

1. 生活给水管采用铜截止阀，工作压力为1.0MPa。

2. 消火栓管道上的阀门采用工作压力为1.6MPa有明显启闭标志的蝶阀或明杆闸阀。
3. 潜水泵上采用工作压力为1.0MPa的闸阀和污水专用球形止回阀。

十一、管道敷设

1. 管道一般暗敷在吊顶、管井（窟）、墙槽、装饰柱、外包墙或地坪面层内。卫生间部分支管预留，用户二次装修时敷设包饰。立管除图中注明者外，均以最小安装距离敷设，如下图所示（特殊墙面按完成面考虑）。

2. 给水管立管穿楼板时，应设套管。安装在楼板内的套管，其顶部应高出装饰地面20mm；安装在卫生间及厨房内者，其顶部高出装饰面50mm，底部应与楼板底面相平；套管与管道之间缝隙应用阻燃材料和防水油膏填实，端面应光滑。
3. 水管穿越楼板应预留孔洞，孔洞比管道大两号，管道安装完后将孔洞严密捣实，对于穿越楼层的管道应设楼板设计标高+10～20mm的阻火圈。
4. PP-R管道和PVC-U排水管安装工艺参照国家现行规范。
5. 管道坡度

管径	De50	De75	De110	De160
污水废水管标准坡度	0.026	0.020	0.012	0.007
雨水管最小坡度			0.008	0.005

6. PVC-U排水横支管至立管的直线管段超过2m时，横支管上应设伸缩节，伸缩节之间的最大间距不得超过4m，并应靠近水流汇合配件。伸缩节承口应逆水流方向。平面三通应采用45°斜三通或90°顺水三通或TY型三通。
7. 排水立管检查口距地面或楼板面1.00m。管窿内排水立管检查口应朝向管窿检修口。室内消火栓栓口距地面或楼板面1.10m。
8. 暗装在吊顶、管井、管窿内的管道，凡设阀门及检查口处均应设检修门或200mm×200mm检修口。
9. 钢塑复合管最大支撑间距：

公称管径(mm)	15～50	65～100	125～200
最大支撑间距(m)	2.0	3.5	4.2

立管每层卡同钢管要求，横管的任何两个接头之间应有支承，但不得支承在接头上。

10. 塑料排水管最大支撑间距：

公称管径(mm)	50	75	110	160
水平管最大支撑间距(m)	0.5	0.75	1.1	1.6
立管最大支撑间距(m)	1.2	2.0	2.0	2.0

11. 管道穿过变形缝处，在缝的两端安装不锈钢金属软管，其工作压力与所在管道工作压力一致。

十二、管道试压

1. 水压试验步骤按《建筑给水排水及采暖工程施工质量验收规范》GB 50242—2002及自动喷洒系统施工及验收规范进行。
2. 需隐蔽的给水管道还应进行严密性试验。工作压力下稳压24h无渗漏方可隐蔽。
3. 粘结连接的管道，水压试验应在粘接连接24h后进行。
4. 污废水管注水高度为一层楼高，30min后液面不下降为合格。隐蔽或埋地的排水管道在隐蔽前必须做灌水试验，其灌水高度应不低于底层卫生洁具的上边缘或底层地面高度，满水15min，水面下降后再满水5min，液面不下降，管道及接口无渗漏为合格。
5. 污水及雨水立管、横干管，应按照规范GB 50242—2002的要求做通球试验。
6. 压力排水管道按排水泵扬程的2倍且不小于0.60MPa的压力进行水压试验，保持30min，其管道和接口无渗漏为合格。

十三、管道和设备保温

屋顶的消防管道阀门保温，保温材料采用橡塑管壳，厚度为40mm，外包铝箔保护。

十四、节能减排

1. 本建筑1～3层由市政直供。
2. 采用节水型洁具。
3. 卫生洁具采用感应阀或感应水嘴。

十五、其他

（1）图中所注尺寸除管长、标高以m计外，其余均以mm计。
（2）本图所注管道标高：给水、消防等压力管指管中心；污水、废水、透气、压力排水管等指管内底。
（3）本说明和设计图纸具有同等效力，两者均应遵照执行，若两者有矛盾时，甲方施工单位应及时提出，并以设计单位解释为准。
（4）施工前甲方需确定卫生洁具型号，以便洁具排水穿板留洞定位。

（5）当高位消防水箱在屋顶露天设置时，水箱的人孔以及进出水管的阀门等应采取锁具或阀门箱等保护措施。

喷洒支管管径与喷头数对照表

喷头数	1	2	3	6	10	25	50
公称直径(mm)	DN25	DN32	DN40	DN50	DN65	DN80	DN100

主要设备和器材表

序号	设备器材名称	规格型号	单位	数量	备注
1	消火栓加压泵	干式电机消防泵 XBD8.0/15J-RJC	台	2	一用一备
		$Q=15L/s$ $H=80m$			
2	自动喷水加压泵	干式电机消防泵 XBD5.0/30J-RJC	台	2	一用一备
		$Q=30L/s$ $H=50m$			
3	湿式报警阀	ZSFZ DN150	套	1	
4	潜水泵	65QW-40-10-2.2	台	2	一用一备
		$Q=40m^3/h$ $H=10m$ $N=2.2kW$			
5	活塞式液压水位控制阀	H142X-10-A DN50	套	2	
6	生活变频设备	HLS12/0.6 配水泵 50FSL12-70 $Q=12m^3/h$ $H=70m$ $N=4kW$ 增压泵 40SFL6-70 $Q=6m^3/h$ $H=60m$ $N=3kW$	套	2	一用一备
7	室内组合消火栓箱 1800mm×700mm×240mm	SNZ65 消火栓一个，L25M 衬胶水带1条，QZ 19 水枪1支，以及消防按钮和指示灯各1个，软管卷盘一个	套	45	
8	贮压式手提灭火器	4kg装磷酸铵盐干粉	具	240	
9	屋顶试验消火栓 800mm×650mm×240mm	SG24A65-J型配 SN 65 消火栓1个，L25M初胶水带1条，QZ19 水枪1支以及消防按钮1个，压力表一个 Y-100	套	1	
10	87斗	侧入式DN100 2套 直下式DN100 6套	套	8	

图例

图例	名称	图例	名称
	消火栓给水管		清扫口
	市政直供生活给水管		感应式冲洗阀
	污水管		闸阀
	废水管		截止阀
	压力废水管		角式截止阀
	压力雨水管		蝶阀
	通气管		止回阀
	雨水管		延时自闭阀
	喷淋管		自动排气阀
	保温管		压力表
	自喷立管		橡胶隔振过滤器
	雨水立管		橡胶球形软接头
	排水立管		水平式水表
	给水立管		圆形地漏
	污水立管		污水排水漏
	通气管		87雨水斗
	室内消火栓		报警阀
	二氧化碳灭火器		存水弯
	通气帽		检查口
			转子流量计

审定	审核	工种负责	校对	设计	工程名称	××公司办公楼	比例	图别	图号
					图名	给水排水设计说明		水施	01

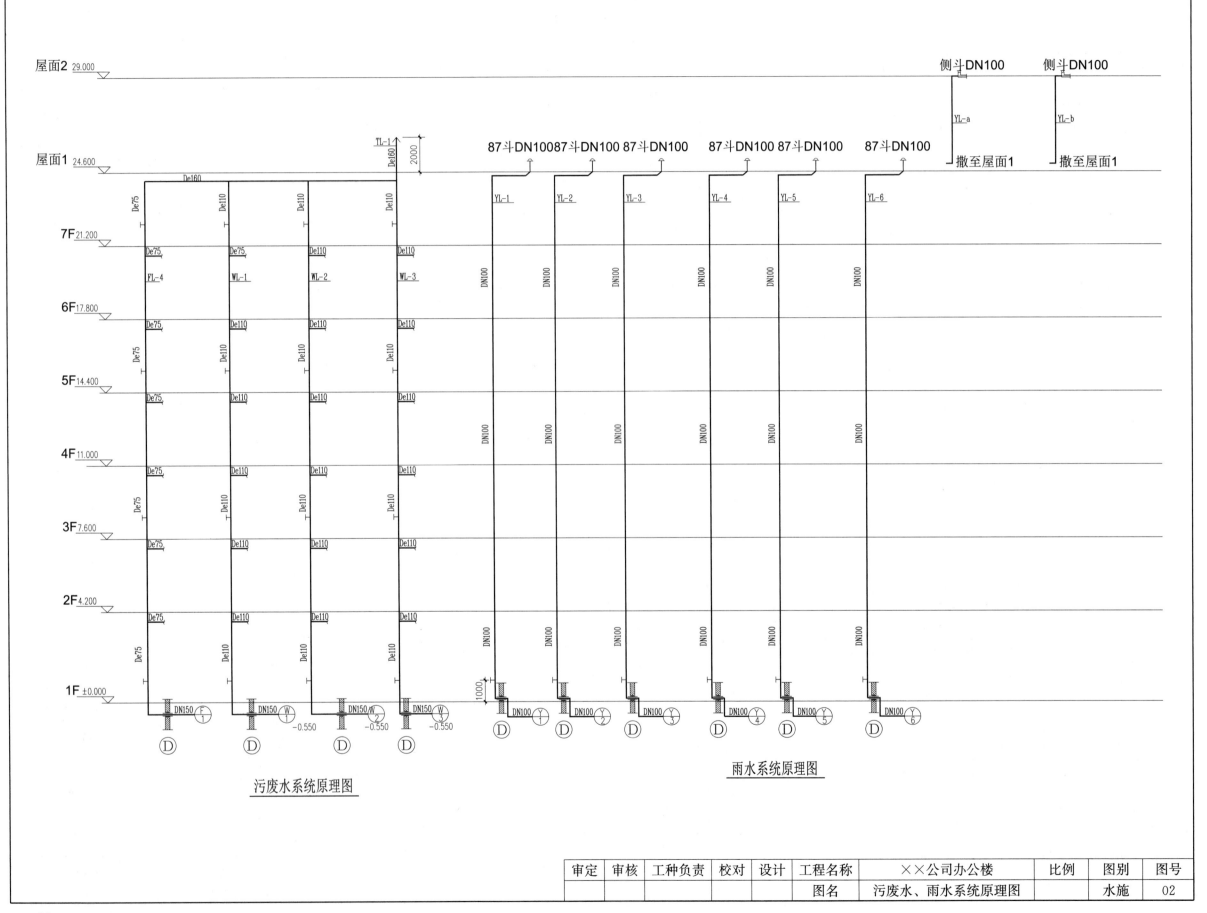

屋面2 29.000

侧斗DN100　　侧斗DN100

YL-a　　　　YL-b

屋面1 24.600

TL-1

2000

De160

87斗DN100 87斗DN100 87斗DN100　　87斗DN100 87斗DN100　　87斗DN100

撒至屋面1　　撒至屋面1

De75　De110　De110　De110

YL-1　　YL-2　　YL-3　　　YL-4　　YL-5　　　YL-6

7F 21.200

De75　De75　De110　De110

FL-4　　WL-1　　WL-2　　　WL-3

DN100　DN100　DN100　　DN100　DN100　　DN100

6F 17.800

De75　De110　De110　De110

5F 14.400

De75　De110　De110　De110

De75　De110　De110　De110

DN100　DN100　DN100　　DN100　DN100　　DN100

4F 11.000

De75　De110　De110　De110

De75　De110　De110　De110

3F 7.600

De75　De110　De110　De110

2F 4.200

De75　De110　De110　De110

1000

De75　De110　De110　De110

DN100　DN100　DN100　　DN100　DN100　　DN100

1F ±0.000

DN150 F-1　DN150 W-1　DN150 W-2　DN150 W-3
　　　　　-0.550　　-0.550　　-0.550

DN100 Y-1　DN100 Y-2　DN100 Y-3　DN100 Y-4　DN100 Y-5　DN100 Y-6

D　　D　　D　　D　　　D　　D　　D　　D　　D　　D

污废水系统原理图　　　　　　　**雨水系统原理图**

审定	审核	工种负责	校对	设计	工程名称	××公司办公楼	比例	图别	图号
					图名	污废水、雨水系统原理图		水施	02

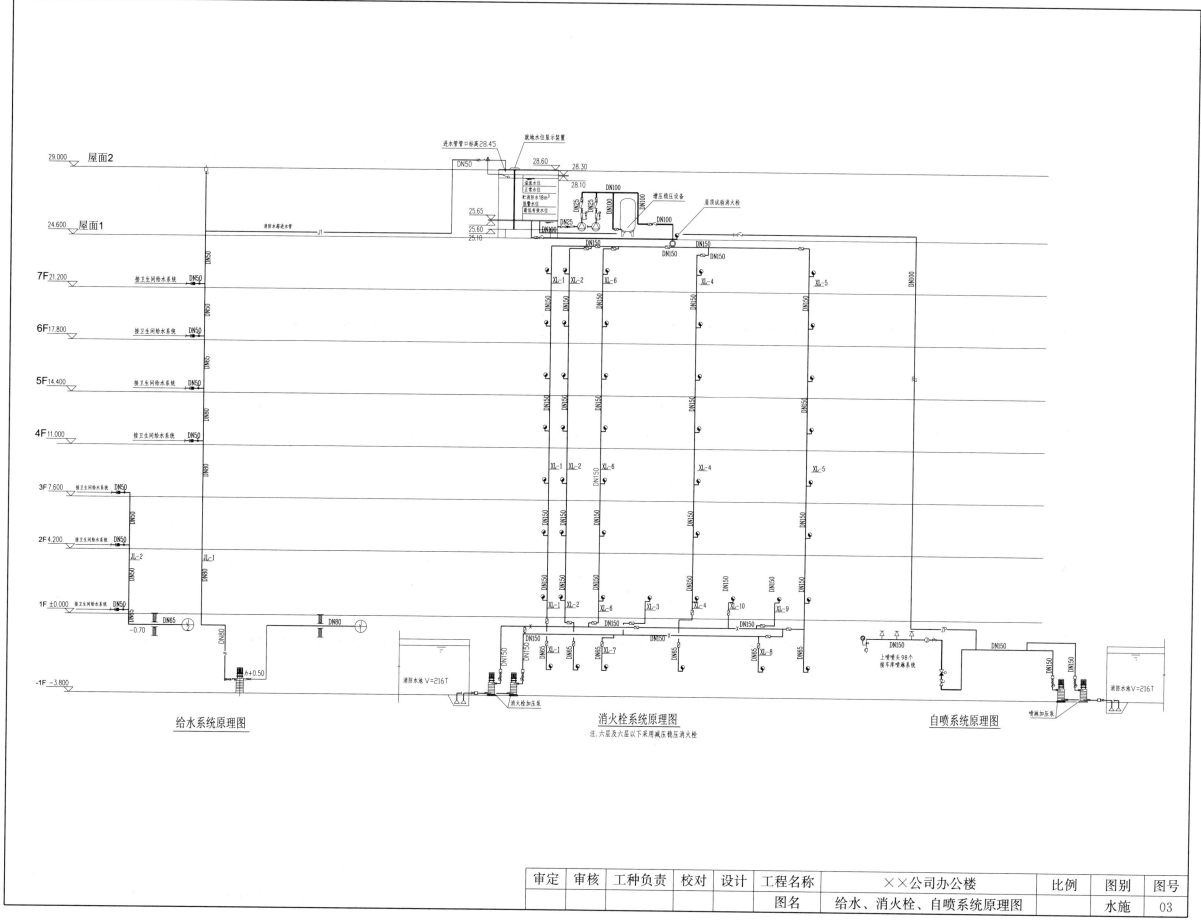

给水系统原理图

消火栓系统原理图
注：六层及六层以下采用减压稳压消火栓

自喷系统原理图

审定	审核	工种负责	校对	设计	工程名称		××公司办公楼		比例	图别	图号
					图名		给水、消火栓、自喷系统原理图			水施	03

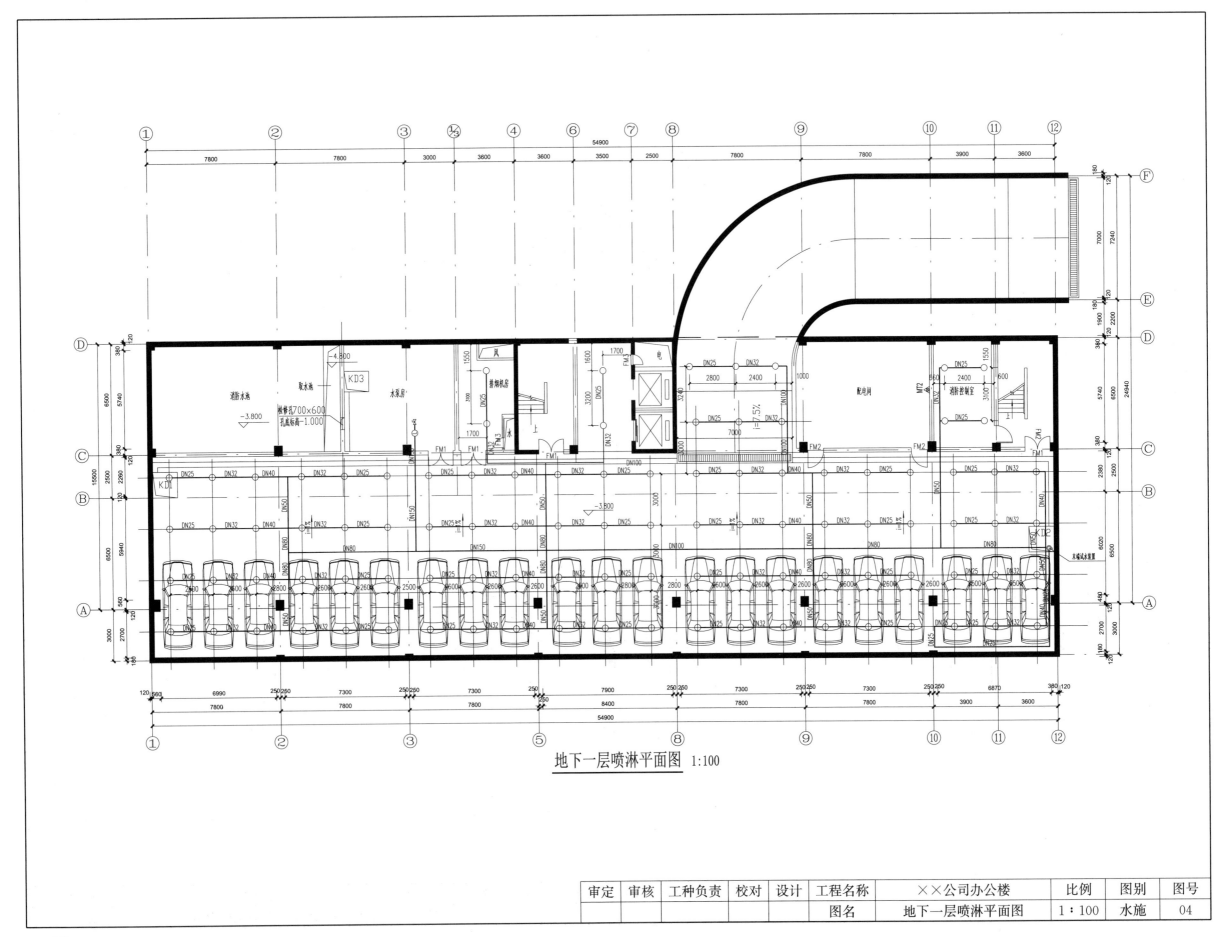

地下一层喷淋平面图 1:100

审定	审核	工种负责	校对	设计	工程名称	××公司办公楼	比例	图别	图号
					图名	地下一层喷淋平面图	1:100	水施	04

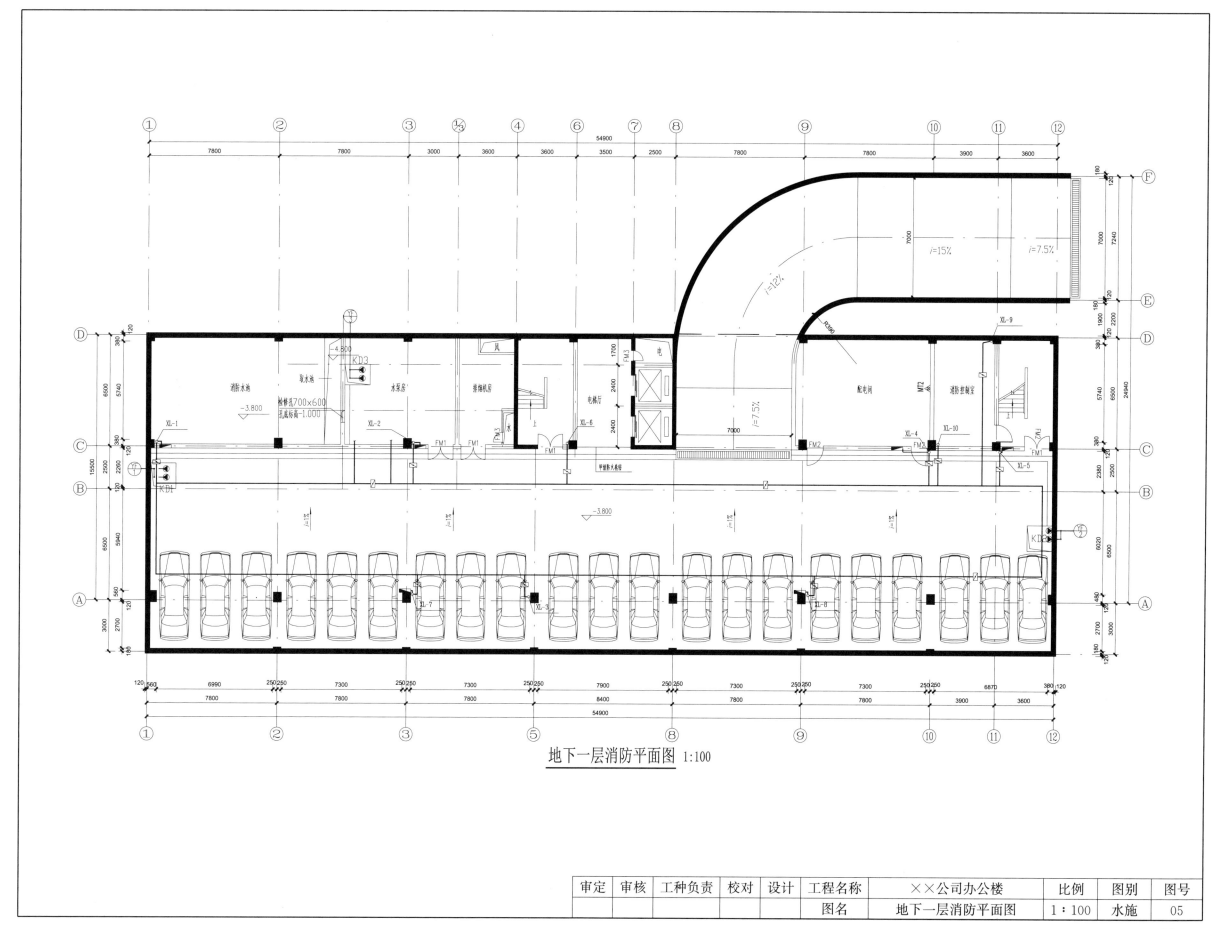

地下一层消防平面图 1:100

审定	审核	工种负责	校对	设计	工程名称	××公司办公楼	比例	图别	图号
					图名	地下一层消防平面图	1：100	水施	05

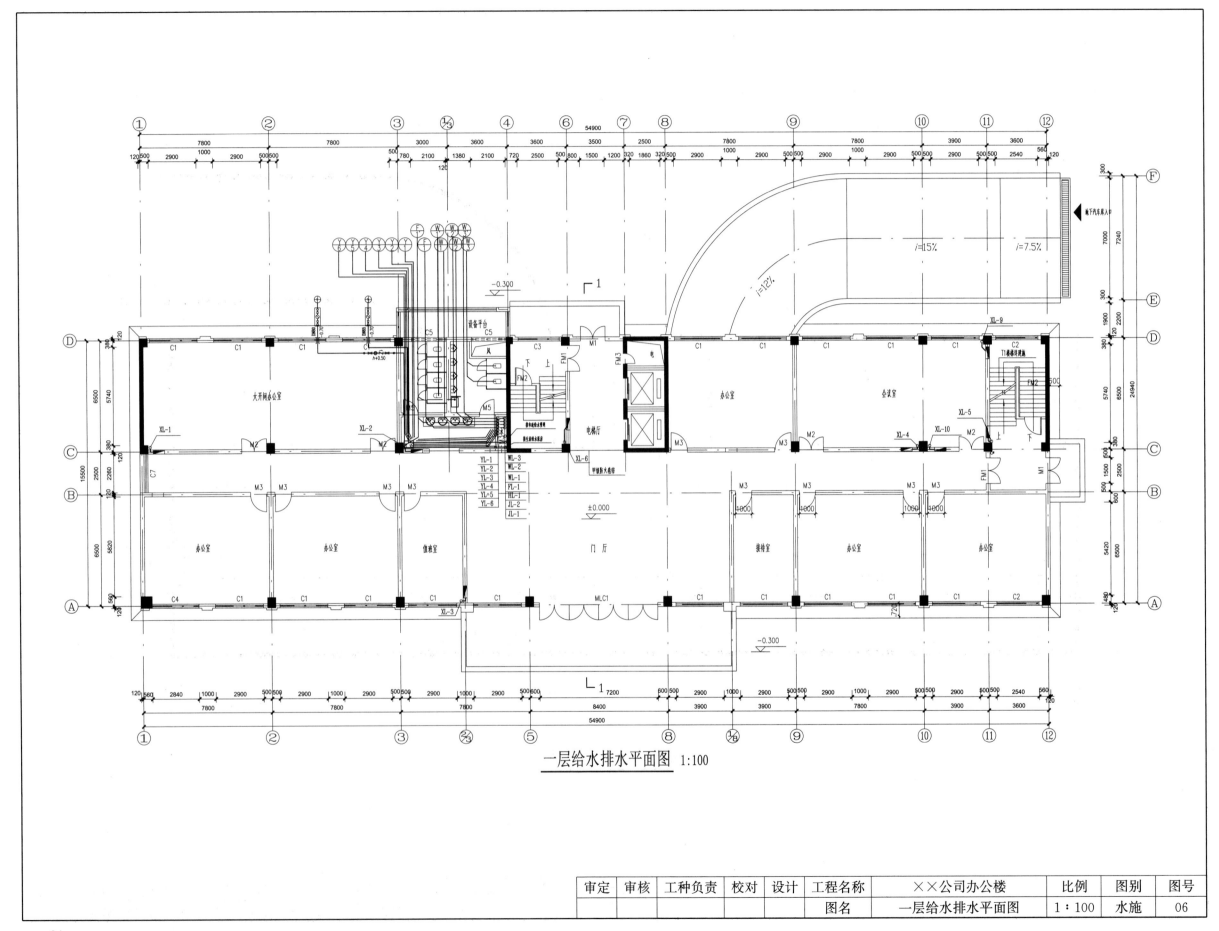

一层给水排水平面图 1:100

审定	审核	工种负责	校对	设计	工程名称	××公司办公楼	比例	图别	图号
					图名	一层给水排水平面图	1：100	水施	06

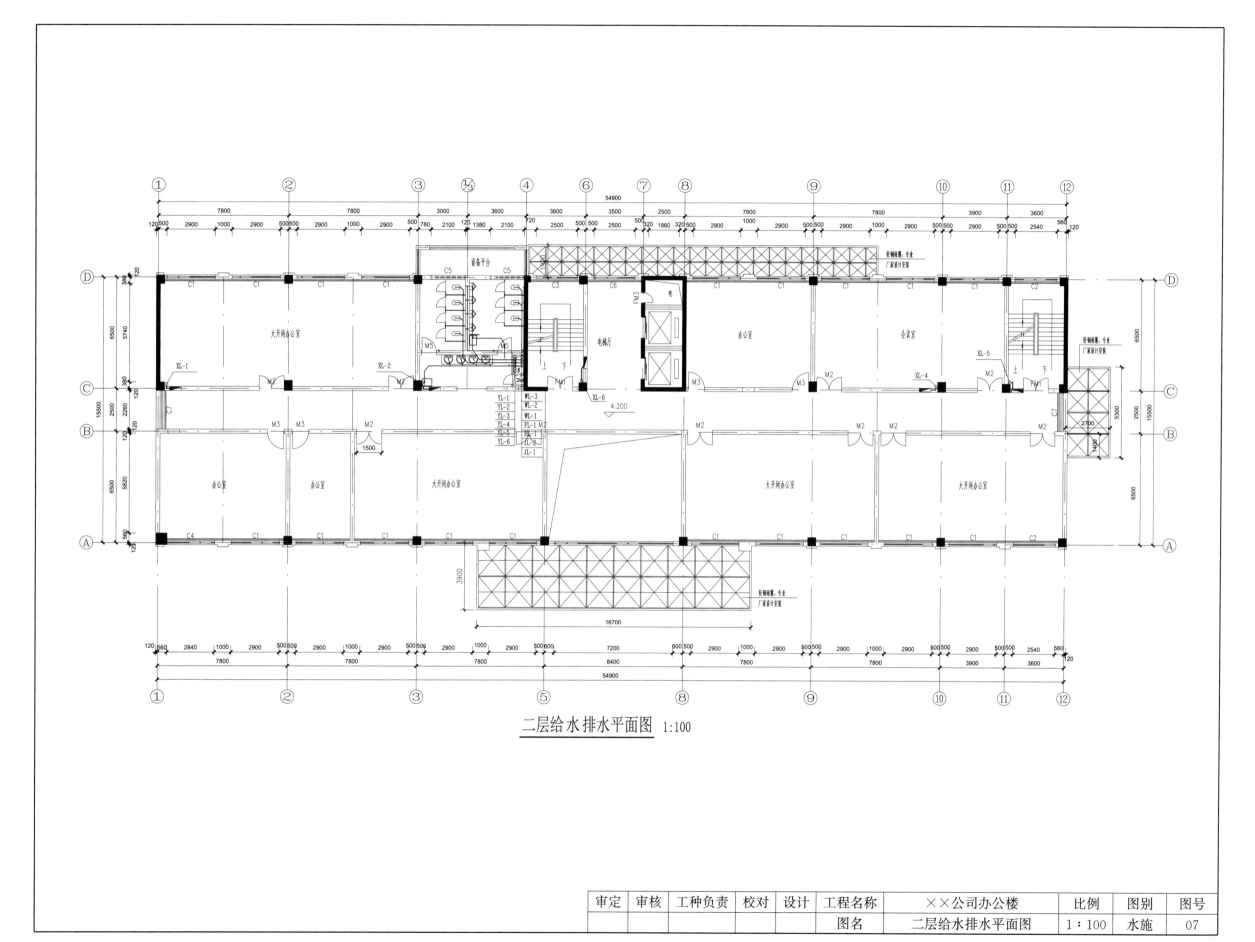

二 层 给 水 排 水 平 面 图 1:100

审定	审核	工种负责	校对	设计	工程名称	××公司办公楼		比例	图别	图号
					图名	二层给水排水平面图		1：100	水施	07

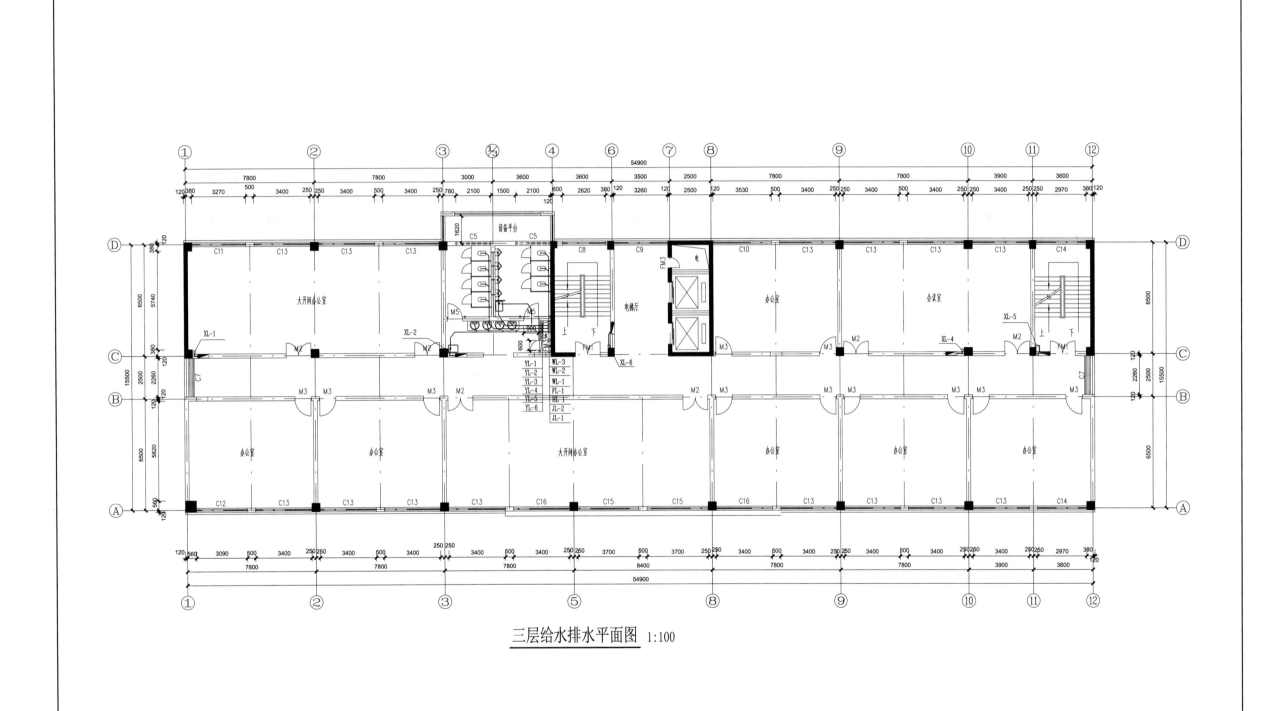

三层给水排水平面图 1:100

审定	审核	工种负责	校对	设计	工程名称	××公司办公楼		比例	图别	图号
					图名	三层给水排水平面图		1：100	水施	08

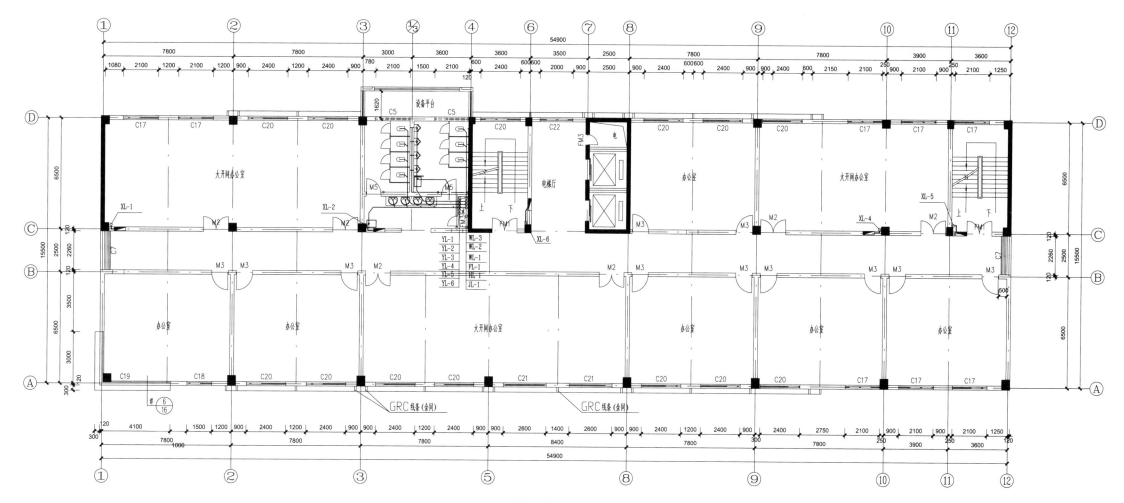

四~六层给水排水平面图 1:100

审定	审核	工种负责	校对	设计	工程名称	××公司办公楼		比例	图别	图号
					图名	四~六层给水排水平面图	1：100		水施	09

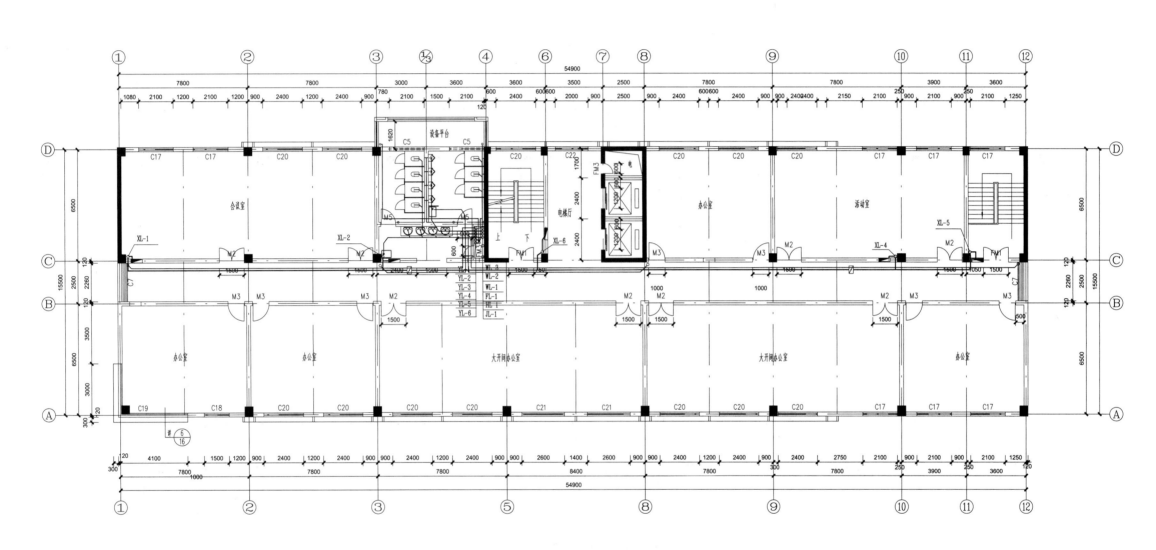

七层给水排水平面图 1:100

审定	审核	工种负责	校对	设计	工程名称	××公司办公楼	比例	图别	图号
					图名	七层给水排水平面图	1:100	水施	10

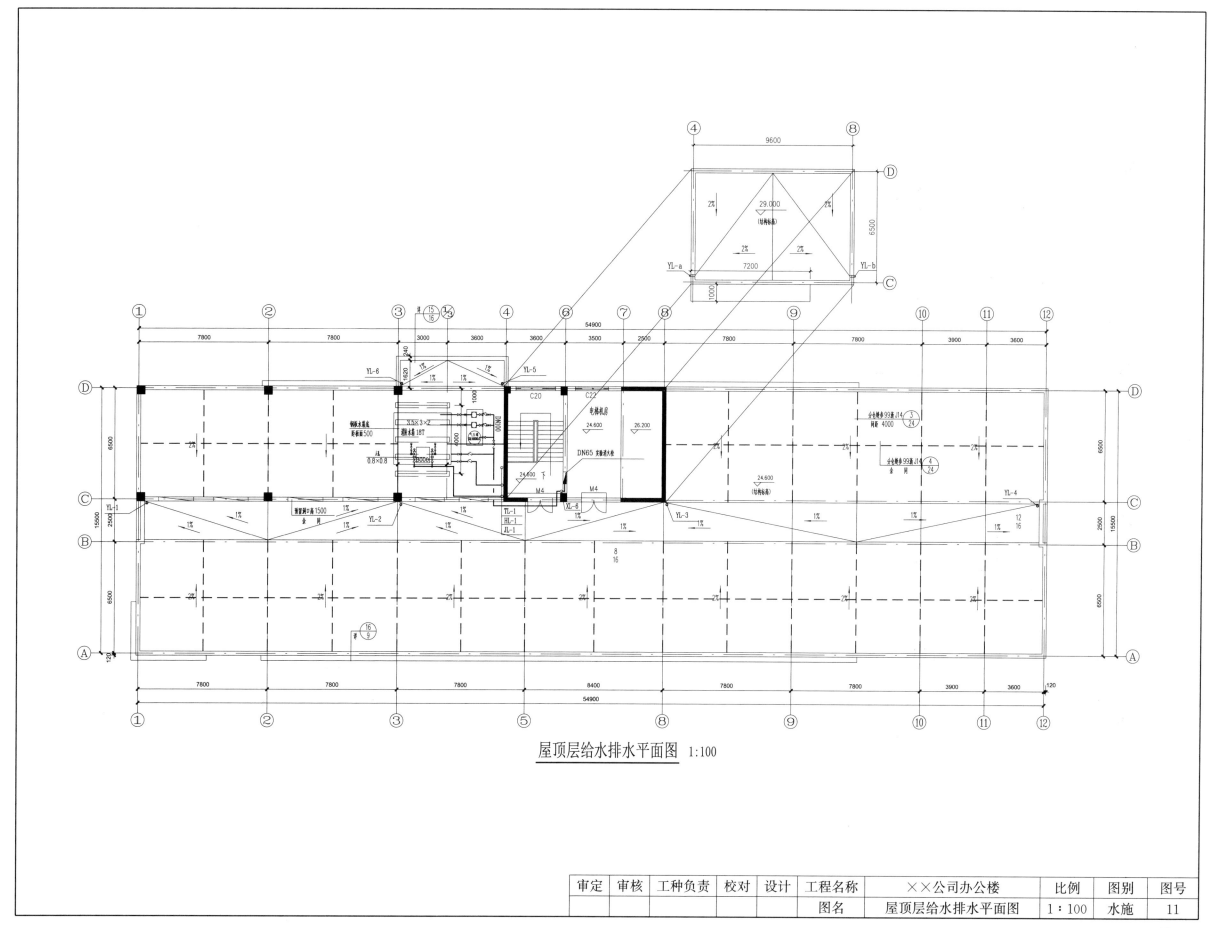

屋顶层给水排水平面图 1:100

审定	审核	工种负责	校对	设计	工程名称	××公司办公楼	比例	图别	图号
					图名	屋顶层给水排水平面图	1:100	水施	11

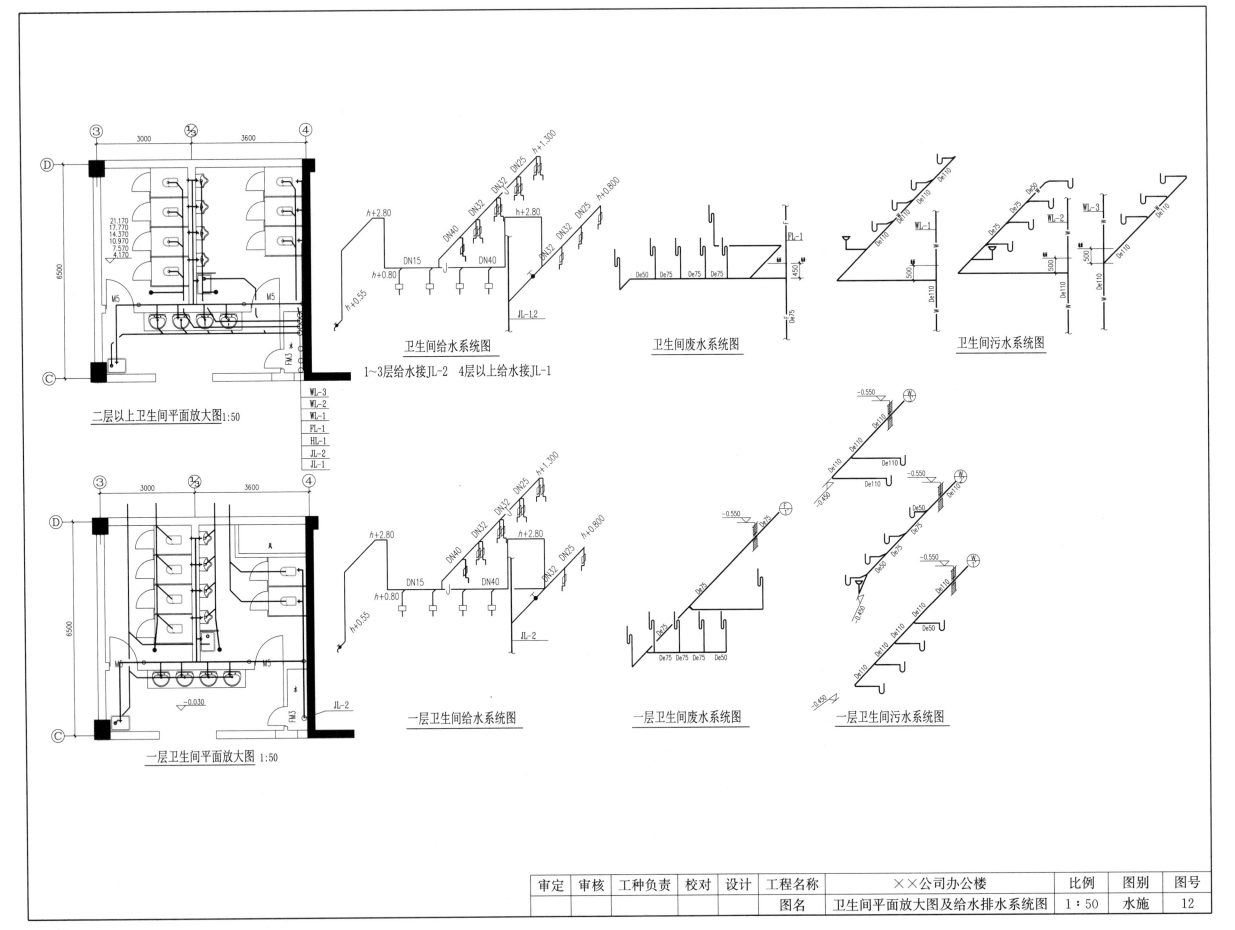

二层以上卫生间平面放大图 1:50

一层卫生间平面放大图 1:50

卫生间给水系统图

1~3层给水接JL-2 4层以上给水接JL-1

卫生间废水系统图

卫生间污水系统图

一层卫生间给水系统图

一层卫生间废水系统图

一层卫生间污水系统图

审定	审核	工种负责	校对	设计	工程名称	××公司办公楼		比例	图别	图号
					图名	卫生间平面放大图及给水排水系统图		1:50	水施	12

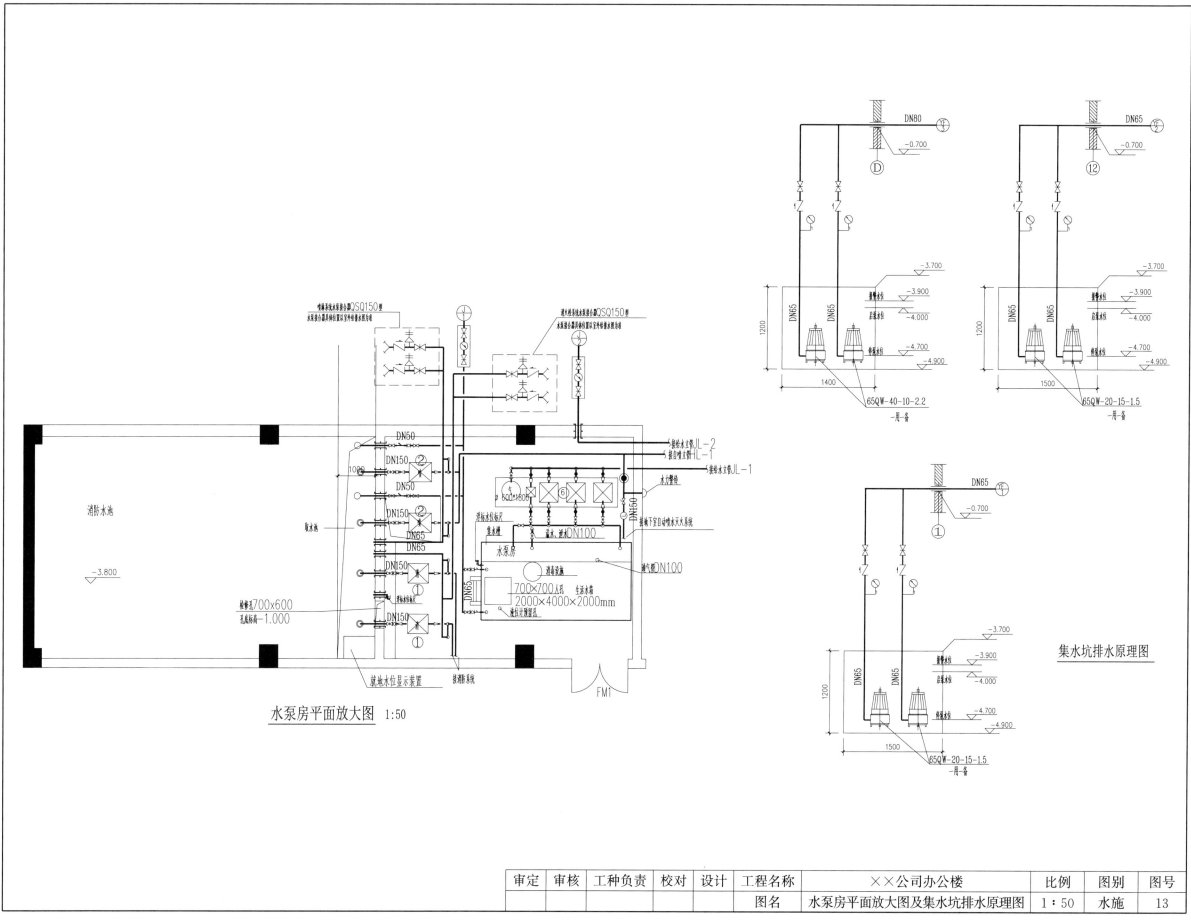

水泵房平面放大图 1:50

集水坑排水原理图

审定	审核	工种负责	校对	设计	工程名称	××公司办公楼		比例	图别	图号
					图名	水泵房平面放大图及集水坑排水原理图		1:50	水施	13

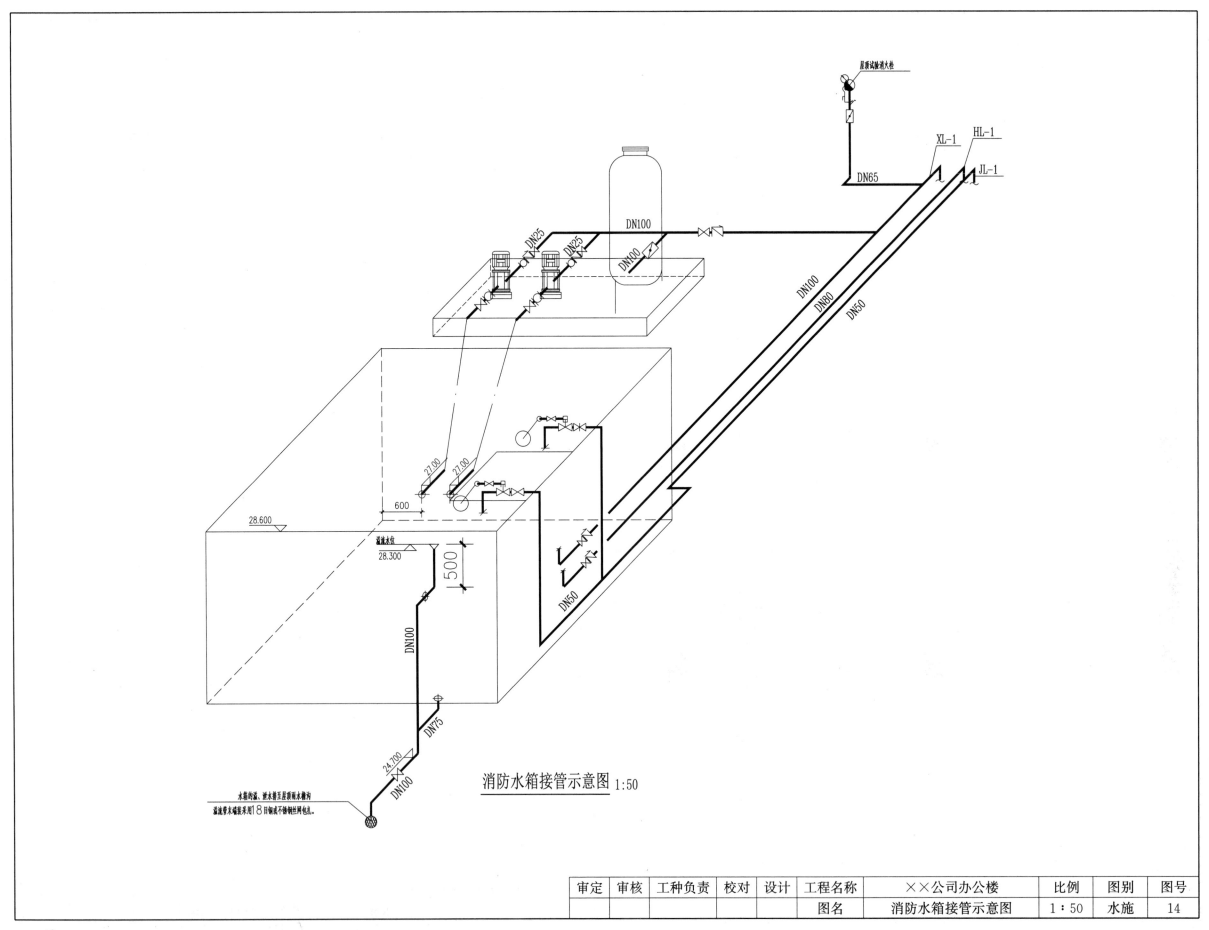

消防水箱接管示意图 1:50

屋顶试验消火栓

XL-1 HL-1 JL-1

DN65

DN100

DN25 DN25

DN100

DN100

DN80

DN50

27.00 27.00

600

28.600

溢流水位
28.300

500

DN100

DN50

DN100

DN75

24.700

DN100

水箱的溢、泄水管至屋顶雨水槽沟
溢流管末端装采用18目钢或不锈钢丝网包扎。

审定	审核	工种负责	校对	设计	工程名称	××公司办公楼	比例	图别	图号
					图名	消防水箱接管示意图	1：50	水施	14